U0058302

Livre d'images complet sur les saveurs du

Le Ruban Pâtisserie

法朋風味全圖鑑

李依錫 著

大境文化

「一個社區裡，　只要有一家甜點店，
　　　　　　就能帶來幸福。」

Le Ruban Pâtisserie 法朋烘焙甜點坊誕生於 2012 年，由曾獲法國巴黎甜點公開賽冠軍的甜點師傅李依錫創立。

依錫師父說：「我想要呈現給客人的甜點，是每個季節、每個時令，結合自己生活土地上的食材，所製作的甜點。甜點是生活的一部份，我希望能夠落實這個理想。開店前我在日本學習，看到令人感動的甜點生活感－小朋友放學後跟著媽媽來店裡，說『我想買這個回家，跟爸爸一起吃。』爺爺與奶奶輕聲討論著今天想要帶什麼甜點回去呢？甚至男性上班族拎著公事包，到店裡外帶甜點…。我衷心期待，法朋的蛋糕不僅是一個人獨享，還希望能帶給整個家庭快樂。」

「回歸原點，　讓甜點成為主角。」

以前甜點都是咖啡店裡的配角，沒有特地去甜點店吃蛋糕這樣的習慣與環境，因此非常想成立以「甜點」為主角的店。我以「日系法式甜點」定義法朋的甜點創作。法式甜點的精緻浪漫，與日式甜點的嚴謹扎實，再加上台灣處於亞熱帶地區，氣候高溫潮濕，法式甜點的厚重需要調整成質地輕盈卻又不失風味，才會讓人產生舒適感。這樣的呈現落實在每天每位師傅的基本功，重視甜點製作的手法與對食材品質的堅持要求，讓幼稚園的小朋友到爺爺奶奶，都能夠安心食用。

「我們依循季節，　融入當季新鮮的食材，
　　創作出最美好的甜點！」

法朋從不妥協食材的選用，甜點要美味，優質食材是核心的關鍵因素。從開店之初，就使用日本九州的熊本麵粉、北海道或九州乳源的純生完全無添加物的鮮奶油、屏東大武山農產 AA 級雞蛋、法國產區認證的發酵奶油等，做出各種撫慰人心的甜點。我們每年都會做產地拜訪，走遍各地拜訪在地辛勤耕耘的農家，並用無比虔敬的心將這些農作物融入甜點中。讓甜點與土地深深連結，散發自然的生命氣息。以苗栗無毒草莓、雲林哈密瓜、屏東檸檬、台南愛文芒果等季節性在地農產品，結合在產品設計中，更希望這些具有在地元素的甜點，能讓外國旅人，輕鬆地以甜點認識我們的家鄉。

「甜點不該是奢侈品
　　而是生活用品，日常的一部份。」

法朋是一間位於住宅區的法式甜點店，除了服務社區內固定的老顧客以外，也提供喜餅、彌月、外燴、宅配等服務，希望大家值得紀念的場合都可以讓法朋一起參與，並能讓這些珍貴的生活片段更加美好。這本『法朋風味全圖鑑』記錄濃縮了法朋春夏秋冬四季更迭的季節風味，從傳統糕點中解構創新的44道甜點，呈現鮮明的時令感。希望享受甜點、分享甜點，能夠融入大家生活的每個時刻，成為日常的一部分。

Le Ruban Pâtisserie
法朋烘焙甜點坊創辦人兼主廚
李依錫

十五歲入行的李師傅，透過多年實務經驗的累積，及在日本九州熊本甜點店的工作經驗，期待能讓法式甜點走入大家的日常生活中。
曾任元寶公司研發經理、香格里拉台南遠東飯店點心房主廚、大億麗緻酒店點心房主廚、古華花園飯店點心房主廚。

2018　ICA國際巧克力比賽亞太區三金六銅
2017　ICA國際巧克力比賽亞太區一金三銅
2009　世界杯青少年選手指導老師銀牌
2009　日本蛋糕大賽優選獎
2008　香港黑盒子甜點比賽、裝飾藝術一金一銅
2008　法國里昂甜點世界杯台灣代表隊隊長
2008　法國巴黎甜點公開賽金牌、拉糖特別獎
2006　日本拉糖銅牌

Sommaire

▌Automne et Hiver 秋冬

Fraises

Matcha

Muscat

Figues

Châtaignes

Poire

Chocolate

Automne et Hiver
秋 冬

草莓芙蓮蛋糕

∞ *Fraisier* ∞

Fraisier的音譯，加入討喜的草莓，
讓這款草莓芙蓮一直高居草莓季受歡迎的人氣王。
選擇一款清爽乾淨高品質的奶油，
是這個蛋糕最重要的關鍵。

[草莓芙蓮蛋糕的口味組合]

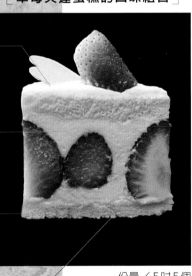

鮮奶油香緹

element ❸

塗抹在表面，營造出更香濃的奶味，
更豐富的層次感

卡士達法式奶油餡

element ❶

混合了義式蛋白霜與卡士達醬的奶油，
口感濃稠柔滑，豐富不膩

海綿蛋糕

element ❷

作為草莓芙蓮蛋糕基底與頂層，
可吸收糖漿增添風味

草莓

element ❹

甜點味道的主角，
使用豐香或香水品種的草莓

份量／5吋5個

■━① 卡士達法式奶油餡

材料　@180g

炸彈麵糊（Pâte à bombe）		義式蛋白霜	
蛋黃	55g	蛋白	55g
砂糖	17g	砂糖	49g
飲用水	6g	飲用水	18g
伊思尼奶油	404g	卡士達醬（P.140）	385g
		總重	989g

作法

1. 在缽盆中放入蛋黃
2. 細砂糖和飲用水加熱至118℃
3. 緩緩倒入蛋黃中，攪打至體積膨脹、顏色變淺
4. 加入放至室溫的奶油
5. 攪打至奶油餡體積膨脹
6. 細砂糖和飲用水加熱至118℃，在加熱至110℃時準備打發蛋白
7. 以另一個缽盆打發蛋白，將118℃的糖漿緩緩的倒入泡沫狀的蛋白霜中，持續高速攪打至降溫
   手觸摸不感覺燙的溫度，約35-38℃
8. 將奶油餡取出放在大鋼盆中，拌入卡士達醬
9. 分次加入義式蛋白霜攪拌至均勻備用

■━② 海綿蛋糕

材料　@820g 60×40公分1片

蛋黃	280g	砂糖	100g
砂糖	83g		
葡萄糖漿	20g	珍珠低筋麵粉	90g
蜂蜜	8g	特寶笠低粉	45g
蛋白	225g	總重	851g

作法

1. 參考P.114製作海綿蛋糕麵糊
2. 在60×40公分烤盤上舖放烤盤紙，每一盤加入重量820g的麵糊
3. 以175／140℃烤約12分鐘
   待表面及底部烘烤出烤焙色澤時即可
4. 將烤盤取出，脫模翻面後放涼，裁切成直徑12.5公分的圓片10個

■━③ 鮮奶油香緹

材料 ＠50~60g

OMU鮮奶油	300g	砂糖	18g
		總重	318g

作法

1 鮮奶油加入砂糖打發
2 打發至鮮奶油表面可留下清楚的攪拌痕跡

■━● 完成

材料 （每個）

新鮮草莓	15顆	粉紅巧克力心形飾片
糖粉	適量	適量

作法

1 將海綿蛋糕放入直徑12.5公分的的蛋糕圈中
2 放入150g的卡士達法式奶油餡抹平
3 新鮮草莓洗淨擦乾切半，切面朝外沿著蛋糕圈圍成一圈
4 中間放滿整顆的草莓
5 以擠花袋將卡士達法式奶油餡填滿空隙，約180g
6 以抹刀抹平
7 覆蓋上另一片海綿蛋糕
8 蓋上一張烤盤紙與薄板，冷藏定型2小時
9 取出在表面抹上一層鮮奶油香緹
10 以噴槍回溫蛋糕圈四周，以便脫模
11 以塑膠片平整圓弧側面
12 在表面篩上糖粉
13 以粉紅巧克力心形飾片及新鮮草莓裝飾

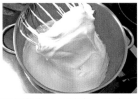

│ 義式蛋白霜的打發訣竅 │

製作義式蛋白霜時，倒入熱糖漿後必須在溫度降低前打發，蛋白的氣泡在高溫中容易被破壞，一旦溫度降低，表面張力變強不易消泡，熬煮的糖漿冷卻後也會具有黏性。打發至某個程度的蛋白霜倒入熱糖漿，繼續打發至接近理想的蛋白霜狀態，此時必須降低電動攪拌器的速度，用混拌的狀態攪拌至熱度稍降為止。

玫瑰草莓果醬

Confiture de fraises à la rose

新鮮的草莓從農場到店裡若超過二天的時間，
品質就會受到影響，
這時候我們會把新鮮度差一點的草莓放入冷凍庫，
再取出與覆盆子一起製成玫瑰草莓果醬。
將水果放入冷凍不但可以保存較久，
經過冷凍的水果纖維會被破壞，
製成果醬的時間也會減少許多。

■━● 草莓果醬

材料　120ml 4-5罐

新鮮草莓	450	麥芽	50
冷凍覆盆子	50	檸檬汁	15
冰糖	190	蘋果泥	25
有機玫瑰花	35	總重	815g

（糖度64°Bx）

作法

1 將草莓切丁，混合冷凍覆盆子，冰糖、麥芽後放置冷藏一晚

2 隔天煮滾，加入蘋果泥

3 小火煮至以糖度計測量達64°Bx

　糖度不足或過度？糖度不足容易腐敗，過度甜味會太明顯。

4 加入切碎的有機玫瑰花瓣及檸檬汁

5 再一次煮滾即可

6 裝罐，罐子要事前以滾水煮過消毒

　注意消毒器具及罐子，以避免發霉

■━● 以冰水測試

作法

取1/2大匙左右的果醬。先將大湯匙底部浸入冰水10秒，再將整個湯匙沒入冰水中，透過急速冷卻的過程確認果醬熬煮程度。果醬若不會馬上溶散即完成，若果醬立即溶散，則需再以大火熬煮1～2分鐘。

■━● 煮沸消毒的步驟

作法

1 於鍋中放入保存瓶與瓶蓋，加水至淹過的高度。以中火加熱至沸騰，再續煮1分鐘左右。

　保存瓶與瓶蓋必須先以中性洗潔劑洗淨。保存瓶可直放或橫放。但務必調整水量確保瓶身完全浸泡在水中。橫放時須小心瓶中是否有殘留空氣。

2 將保存瓶口朝下後，以夾子取出。

　小心不要在瓶中仍有熱水狀態夾起瓶子。傾斜瓶身時可能引起熱水噴濺而出，造成燙傷。

3 將保存瓶瓶口上放置，以餘溫自然晾乾。

　若朝下放置晾乾可能導致瓶中聚集蒸氣而無法全乾。

| 果醬的製作 |

每一種水果水份膠質及糖份都不同，要更換成其他水果時，建議使用糖度計，果醬的糖度，一般是以Brix計來量測，而且會以Brix的單位來表示糖度。糖度62°Bx、Brix62°，是指100g溶液中溶解了62g蔗糖。平均糖度維持在62-66之間，比較能夠保存。糖度的測定未達62°Bx，必須再次熬煮至糖度上升為止。

草莓生鮮奶油蛋糕

Gâteau aux fraises et à lachantilly

日系法式甜點最具代表性的蛋糕，
就是草莓生鮮奶油蛋糕。
簡單的海綿蛋糕、鮮奶油、草莓，
風靡無數日本人，
到現在都是銷售最佳的蛋糕種類。

Le Ruban Patisserie

[草莓生鮮奶油蛋糕的口味組合]

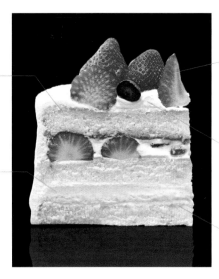

份量／7吋3個

原味修多蛋糕

element ①

整體蛋糕的骨架，撐起草莓與
香緹鮮奶油的重量，帶來口感

草莓乳酪

element ②

另一種草莓的風味層次，強調草
莓的滋味與乳香

草莓、藍莓

element ⑤

甜點味道的主角，
以少許藍莓增添顏色的豐富度

鮮奶油香緹

element ③

輕盈奶味的鮮奶油，柔滑口感，
平衡草莓的酸甜

橙汁酒

element ④

濕潤蛋糕體，讓各種風味更加融合

① 原味修多蛋糕

材料 ＠470g 7吋3個

全蛋	488g	海藻糖	60g
蛋黃	85g	低筋麵粉	320g
葡萄糖漿	68g	奶油	63g
蜂蜜	12g	牛奶	56g
砂糖	360g	芥花籽油	34g

總重　1478g

作法

1 全蛋、蛋黃、葡萄糖漿、蜂蜜、砂糖、海藻糖，隔水
　加熱至32℃

2 以高速打發7分鐘，改中速打發3分鐘，再以慢速打
　發10分鐘至全發，舀起麵糊滴落後可留下明顯痕跡的
　程度（比重0.2）

3 拌入過篩的低筋麵粉

4 取部分麵糊先與奶油、牛奶和芥花籽油拌合

5 再倒回所有麵糊中拌勻

6 可以製作7吋烤模3個

7 以185／145℃烤約28分鐘，以探針刺入厚不沾黏即可

8 取出倒扣脫模放涼備用

■■② 草莓乳酪

材料 @150g

奶油乳酪	225g	草莓果泥	40g
砂糖	45g	草莓果醬	11g
酸奶油	48g	玉米粉	6g
蛋白	64g	檸檬汁	4g
鮮奶油	21g	總重	464g

作法

1 回復室溫的奶油乳酪、砂糖、酸奶油拌勻

   奶油乳酪為何要回復室溫？回復室溫的奶油乳酪比較柔軟，容易攪拌混合

2 加入蛋白、鮮奶油拌勻

3 加入草莓果泥、草莓果醬

4 混入玉米粉

5 最後加入檸檬汁

6 倒入七吋矽膠模每個150g

7 平整表面

8 以 140 ／ 130℃烤約 14 ～ 15 分鐘

9 出爐後放涼備用

■■③ 鮮奶油香緹

材料 @350g

OMU35%生鮮奶油	1080g	海藻糖	30g
砂糖	30g	總重	1140g

作法

1 鮮奶油加入砂糖、海藻糖打發

2 打發至鮮奶油表面可留下清楚的攪拌痕跡

■■④ 橙汁酒

材料 @30g

橙酒	8g	蜜橙汁	100g
飲用水	40g	總重	148g

作法

1 混合均勻備用

| 鮮奶油香緹的砂糖種類 |

鮮奶油加入砂糖打發，稱為鮮奶油香緹（Crème chantilly），會因為使用的砂糖種類不同，添加砂糖的時間點也會有所差別。使用細砂糖，因粒子較大不容易融化，所以在最初階段就會加入一起打發。若是使用糖粉，因粒子較小容易融化，所以在鮮奶油打發至某個程度後，再加入。本書配方中添加海藻糖，則是可以增加保水性。

━━● 完成

材料（每個）

新鮮草莓	19+5顆	新鮮藍莓	適量
草莓果醬	60g	糖粉	適量

作法

1 完全冷卻的修多蛋糕橫剖成2cm的圓片3片
2 最底部的蛋糕放上轉盤，刷上橙汁酒
3 抹上一層鮮奶油香緹，約30g
4 放上脫模的草莓乳酪
5 再抹上一層鮮奶油香緹，約30g
6 中層的修多蛋糕刷上橙汁酒，覆蓋
7 表面刷上橙汁酒後，抹上一層鮮奶油香緹，約30g
8 新鮮草莓5顆切半，鋪滿表面
9 最上層的修多蛋糕內側，刷上橙汁酒再抹上草莓果醬
10 果醬那一面朝下覆蓋在草莓上，並刷上橙汁酒
11 以厚紙板按壓調整形狀
12 全體抹上奶油香緹
13 以塑膠片平整表面
14 篩上糖粉
15 表面以整顆的新鮮草莓約19顆與藍莓裝飾

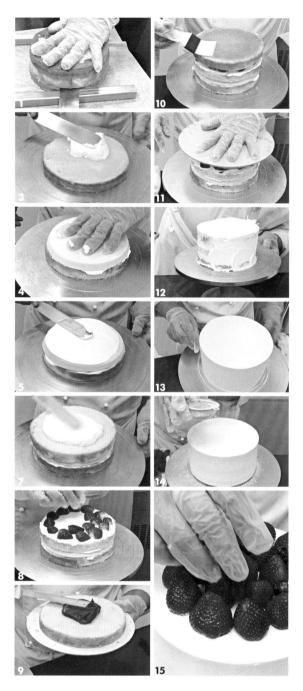

草莓脆球

～ *Croustillant fraise-chocolat* ～

粉紅色的草莓脆球
在巧克力櫃裡很吸引人，
在聖誕節、情人節
是很多女生會選擇的小禮物。

份量／每一顆脆球8g，共36顆

材料

34%白巧克力 ⋯⋯ 140g	乾燥草莓 ⋯⋯⋯⋯ 3g	
法芙娜草莓巧克力 ⋯ 10g	草莓乾切丁 ⋯⋯⋯ 30g	
脆片（pailleté feuilletine） ⋯ 108g	總重 291g	

作法

1. 草莓乾切小丁
2. 用60℃熱水，隔水融化白巧克力、草莓巧克力
3. 巧克力融化溫度約40℃
   白巧克力融化不要超過50℃不然容易產生結粒，影響口感
4. 在降溫至28℃時依序加入草莓乾、乾燥草莓
5. 再拌入脆片
6. 拌至均勻
7. 在鋪有烤盤紙的烤盤上，以湯匙堆成直徑2.2cm的小球狀
8. 放入溫度15℃冰箱一晚即可

生鮮奶油
草莓蛋糕卷

Gâteau roulé aux fraises et à à la crème chantilly

生鮮奶油在台灣越來越受歡迎，
所謂的「生」不是沒熟，而是新鮮低溫殺菌的鮮奶油，
猶如剛擠出的牛乳般，香甜濃郁而不膩，
加上台灣鮮嫩多汁、甜酸適中的草莓，
是冬季最受歡迎的甜點之一。

蜂蜜蛋糕體

element ❶

分蛋麵糊製成柔軟潤澤的片狀蛋
糕，蜂蜜讓蛋糕體更香醇濃郁

自製草莓醬

element ❷

增添草莓獨特的香氣與酸甜風味

鮮奶油香緹

element ❸

風味清爽、入口即化，
與各種水果都能完美搭配

草莓

element ●

甜點味道的主角，
使用豐香或香水品種的草莓

份量／16.5×8公分4卷

▰▰❶ 蜂蜜蛋糕體

材料 @1180g 60×40公分烤盤1個

砂糖A	165g	熊本珍珠低筋麵粉	50g
砂糖B	45g	玉米粉	35g
蜂蜜	28g		
牛奶	80g	蛋黃	275g
葡萄籽油	46g	蛋白	410g
特寶笠低筋麵粉	46g	**總重**	**1180g**

作法

1 蛋黃、砂糖B、蜂蜜隔水加熱至38℃

  蛋黃內包含22-24%的油脂及卵磷脂，經過加熱溫度
  在28-32℃是乳化最好的溫度，乳化後更加容易打發

2 確實攪打至整體顏色發白，呈濃稠狀為止

3 蛋白、砂糖A以攪拌器輕輕攪散蛋白，打發

4 打至8分發的蛋白霜

  注意打發蛋白的發度約8分發，打發不足化口度不好

5 粉類放入網篩內，過篩到紙上。將打發的蛋黃加入放
  有蛋白霜的缽盆中，以刮刀輕柔混拌

6 待全體融合，加入其餘蛋白霜，避免破壞氣泡地由缽
  盆底部舀起般地大動作混拌

7 均勻地撒放粉類，以橡皮刮刀大動作混拌，混拌至粉
  類完全消失即可

  一邊轉動缽盆，邊大動作地用最少的次數拌均勻

8 牛奶與油脂混合，取少量麵糊放入混合均勻。再倒回
  麵糊鍋中混合均勻

9 在60×40公分烤盤上舖放烤盤紙，每一盤加入重量
  1200g的麵糊

10 以180／150℃烤約12-13分鐘。將烤盤取出，脫模
  翻面後放涼

  待表面及底部烘烤出烤焙色澤時即可

■■② 自製草莓醬

材料 @60g（方便製作的份量）

冷凍草莓	420g	檸檬汁	8g
冷凍覆盆子果粒	63g	DC柑橘果膠	4g
麥芽	30g	冰糖	10g
冰糖	80g	玉米粉	3g
海藻糖	80g	水	6.4g

總重　704.4g

作法

1. 冷凍草莓、冷凍覆盆子、麥芽、砂糖，拌勻放置一晚
2. 隔日加入冰糖、柑橘果膠煮滾，放置一晚
3. 隔日再次煮滾，並加入玉米粉水
4. 小火熬煮至以糖度計測量達58°Bx

■■③ 鮮奶油香緹

材料 @265g

OMU35%生鮮奶油		砂糖	15g
	500g	海藻糖	15g

總重　530g

作法

1. 鮮奶油加入砂糖、海藻糖打發

   加入海藻糖的原因？加入海藻糖可降低甜度、增加鮮奶油的保水功能
2. 打發至鮮奶油表面可留下清楚的攪拌痕跡

■■● 完成

材料

新鮮草莓 ………… 適量

作法

1. 洗乾淨的草莓確實擦乾，切掉蒂
2. 烤好的蜂蜜蛋糕體對切成二份，下墊烤盤紙
3. 先取一份，抹上一層薄薄的鮮奶油香緹
4. 排放3列的草莓
5. 最內側再擠上草莓醬
6. 每一列草莓上都擠上鮮奶油香緹共265g
7. 稍微抹開固定草莓
8. 以擀麵棍輔助，由邊緣拉起烤盤紙向外捲起
9. 以烤盤紙包好冷藏至固定定型，可切成2卷
10. 定型後再切成1.5公分的片狀

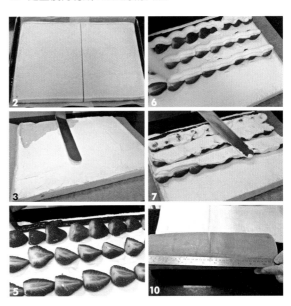 

｜ 二種低筋麵粉的特性 ｜

因為兩者蛋白質及灰份不同，特寶笠是極低筋（蛋白質7.6%、灰份0.35%）化口度極佳，熊本珍珠低粉筋度略高（蛋白質7.6%、灰份0.34%），可支撐蛋糕體結構，混合使用可以達到口感及最好的蛋糕完整度。

小山園抹茶 22 階

Mille crêpes au matcha Koyamaen

讓京都抹茶小山園的醇香清雅吸引了一群忠實信徒，
堆疊在每一層次中的反反覆覆都是細心，
每一片每一個動作要重複22次，
專注完美的呈現抹茶的韻味。

抹茶甘納許
element ❷
帶來濃郁的抹茶與乳香，
夾入二層更凸顯

抹茶可麗餅
element ❶
Q彈軟嫩的口感，
淡雅的抹茶風味

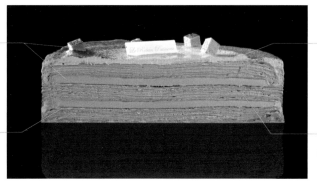

抹茶香緹
element ❸
表面裝飾，帶來滑順的口感

抹茶奶餡
element ❹
結合層層的可麗餅與甘納許，
增添滑順蓬鬆的口感

份量／7吋1個

抹茶可麗餅

材料 ＠每一片 13-15g

牛奶	335g	砂糖	35g
低筋麵粉	60g	奶油	50g
小山園綠樹抹茶粉	6g	全蛋	200g

總重　686g

作法

1　奶油融化，先取部分融化奶油與抹茶粉拌勻
　　先以融化的奶油拌勻抹茶粉，較不會結塊

2　加入全蛋混合均勻

3　再加入 1/4 的牛奶混拌

4　加入過篩的低筋麵粉、砂糖拌勻

5　最後加入剩餘的牛奶混合均勻

6　過篩成為抹茶可麗餅麵糊

7　加熱平底鍋，舀一小匙麵糊入直徑18cm的平底鍋

8　搖晃鍋子讓麵糊均勻呈現薄薄一層

9　火力以中小火，待麵糊顏色變淺，周圍呈現金黃色

10　即可小心從鍋中剝下餅皮，避免乾燥的放涼
　　共可煎出約 48~49 片

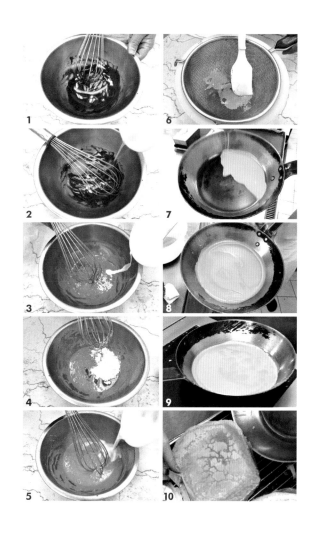

▌2 抹茶甘納許

材料 @每一層內餡120g

小山園抹茶粉	6g	鮮奶油	85g
可可脂	15g	抹茶酒	4g
白巧克力	90g	奶油	5g
		總重	**205 g**

作法

1 鮮奶油加熱至85℃沖入白巧克力、可可脂中,以手持攪拌機均質

2 抹茶粉、鮮奶油、抹茶酒先混合均勻再加入,打到均質

3 放入奶油攪打至均質

4 倒入18cm的模具中,冷凍至凝固
剩餘的抹茶甘納許可倒入方框中冷凍至凝固,再切成小方塊狀供裝飾用

▌3 抹茶香緹

材料 @100g

鮮奶油	90g	砂糖	14.4g
抹茶粉	2.1g	**總重**	**106.5 g**

作法

1 將抹茶粉過篩放入鮮奶油和細砂糖中

2 下墊冰塊攪打至八分發即可

▌4 抹茶奶餡

材料 @每一層內餡40g

卡士達醬	201g	砂糖	10g
馬斯卡彭起司	79.5g	海藻糖	10g
鮮奶油	326g	小山園抹茶粉	18g
		總重	**443.5 g**

作法

1 卡士達醬、馬斯卡彭起司、砂糖、海藻糖及抹茶粉攪拌至均勻沒有結粒的狀態

2 鮮奶油打成6分發

3 分成2-3次拌入 **1**

4 保留蓬鬆感的拌勻備用

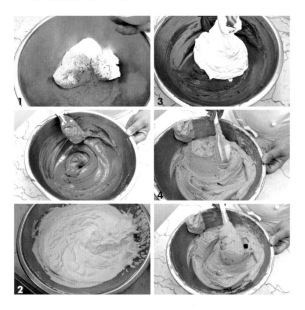

■■● 組合

作法

1 取一片抹茶可麗餅，平鋪在抹台上，抹上40g的抹茶奶餡

2 步驟 **1** 重複7-8次

3 將一塊抹茶甘納許脫模

4 放在抹茶可麗餅中央

5 再蓋上一片抹茶可麗餅，抹上40g的抹茶奶餡

6 步驟 **5** 重複7-8次

7 再放上一層抹茶甘納許，蓋上一片抹茶可麗餅

8 步驟 **7** 重複7-8次

9 完成22階共計2層甘納許

10 將抹茶奶餡均勻塗抹在整個22階表面與外側

11 表面再蓋上一層抹茶可麗餅，將裁成長條狀的抹茶可麗餅黏貼在外側

   四周請選擇紋路漂亮的可麗餅

12 以塑膠片環繞固定圓周

13 上方以蛋糕底盤施壓，讓整體高度平均

14 表面抹上抹茶香緹

15 以抹刀畫出螺旋花紋

16 四周篩上適量的抹茶粉（份量外），再放上切成小方塊的抹茶甘納許

| 22 階組合的技巧？
如何平整不歪斜？ |

每一個22階約需使用32-33片的抹茶可麗餅，每一層都需要用抹刀將抹茶奶餡抹平，再平鋪一片可麗餅，保持平整均勻才能做出漂亮的22階。

麝香葡萄千層派

Mille-feuille aux raisins muscat

用同一種食材在不同階段的風味，
有趣的組合成一個甜點，新鮮的葡萄
搭配帶有果香的香檳，在中間可以看到
蜂蜜檸檬果凍，呈現不同的色調，
完美點綴千層的酥脆。

麝香葡萄紅茶蛋糕卷

Gâteau roulé au thé noir et aux raisins muscat

用日月潭紅玉紅茶製作的蛋糕卷，
迷人的蜜香與葡萄、香檳，
搭配出大受歡迎的經典口味。

[麝香葡萄千層派的口味組合]

麝香葡萄

element ●

甜點味道的主角，
使用雲林的麝香葡萄

蜂蜜檸檬凍

element ➊

清爽的蜂蜜與檸檬風味，與香檳
慕斯形成絕佳的滋味

香檳慕斯

element ➋

以風味清爽高雅的香檳製成慕
斯，與麝香葡萄相呼應

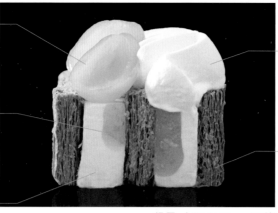

香草香緹

element ➌

入口即化，滑順濃郁，
充滿香草風味

千層酥

element ➍

酥脆的嚼感，
充滿奶油與小麥風味

份量／10.5×3cm 27塊

➊ 蜂蜜檸檬凍

材料　38×58×1.5cm方框模

飲用水	180g	檸檬皮	4g
檸檬汁	125g	蜂蜜	12g
砂糖	110g	NH果膠	15g
海藻糖	30g	（或AGAR-AGAR 6.5g）	

總重　476g

作法

1　水、檸檬汁、海藻糖、檸檬皮一起煮至40℃

2　加入預先拌勻的砂糖和NH果膠，煮滾後關火

3　過篩後加入蜂蜜拌勻，下墊冰塊水降溫至15℃

4　倒入淺盤冷卻

5　取出以均質機打勻

6　放入擠花袋中，在38×58×1.5cm的模型中擠出大小
　　不同的圓餅狀

7　冷藏備用

◼◼② 香檳慕斯

材料　38×58×1.5cm方框模

砂糖	150g	吉利丁塊	70g
蛋黃	100g	香檳	60g
香檳	130g	打發鮮奶油	500g
玉米粉	10g	**總重**	**1020g**

作法

1. 蛋黃、砂糖、玉米粉攪拌均勻
2. 香檳130g煮至70℃，沖入 **1**，隔水加熱煮至82℃
3. 加入吉利丁塊拌至均勻
4. 降溫至40℃，加入香檳60g降溫至26℃
5. 過濾後，拌入打發鮮奶油
6. 將慕斯倒在已凝結的蜂蜜檸檬凍上，平整表面

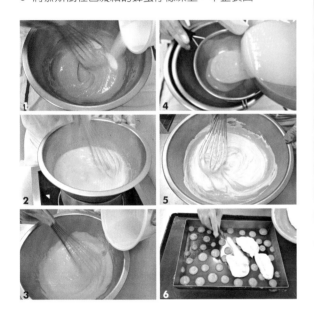

◼◼③ 香草香緹

材料　@8g

鮮奶油	200g	海藻糖	6g
砂糖	6g	吉利丁塊	10g
香草棒	1/4支	**總重**	**222g**

作法

1. 吉利丁塊加熱至45℃
2. 將鮮奶油和砂糖、海藻糖、刮出的香草籽打發
3. 將1/3的打發鮮奶油拌入 **1**
4. 再全部加入拌勻即可

◼◼④ 千層麵團

材料　@2026g

裹入油

奶油	1800g	**總重**	**2571g**
高粉	771g	分為3份每份857g	

油皮

奶油	771g	砂糖	25.5g
高粉	1800g	鹽	51g
葡萄糖粉	15g	苦艾酒	257g
冷水	588g	**總重**	**3507.5g**
		分為3份每份1169g	

作法

1. 參考千層麵團（P.146）製作
2. 擀成3mm的厚度
3. 以180／180℃烤40分鐘

◼◼◉ 組合

材料

葡萄⋯⋯⋯每一塊2.5顆

作法

1. 凝固的香檳慕斯與蜂蜜檸檬凍脫模切成3cm立方長10.5cm
2. 烤好的千層酥也切成3×10.5cm，將三片千層酥夾上二塊香檳慕斯與蜂蜜檸檬凍
3. 以裝有聖多諾黑花嘴的擠花袋，在表面擠上香草香緹
4. 再放上切半的葡萄

麝香葡萄紅茶蛋糕卷

麝香葡萄紅茶蛋糕卷的口味組合

茶香脆皮蛋糕

element ❶

透著紅玉紅茶茶香的蛋糕體，以
糖粉製作出薄脆的表皮，與滑口
的鮮奶油香緹相襯

香檳奶餡

element ❷

以氣泡與口感清爽細緻的香檳製
作奶餡，與麝香葡萄相輝映

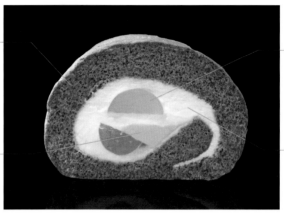

麝香葡萄

element ●

甜點味道的主角，
使用日本長野的麝香葡萄

鮮奶油香緹

element ●

滑順濃郁的乳香，巧妙連結
麝香葡萄與奶餡，
更可固定夾層水果的位置

份量／6.5×17cm 4卷

▬❶ 茶香脆皮蛋糕

材料 @850g 60×40cm 一盤

蛋黃	200g	砂糖B	170g
砂糖A	80g	高筋麵粉	80g
蜂蜜	15g	低筋麵粉	80g
蛋白	300g	伯爵茶粉	12g

總重 925g

作法

1 蛋黃、砂糖A、蜂蜜隔水加熱至38℃
2 確實攪打至整體顏色發白，呈濃稠狀為止
3 蛋白、砂糖B以攪拌器輕輕攪散蛋白，打發
4 打至8分發的蛋白霜
5 粉類放入網篩內，過篩到紙上
6 將打發的蛋白霜分次加入蛋黃鍋中
7 以刮刀輕柔混拌，待全體融合，加入其餘蛋白霜，避
   免破壞氣泡地由缽盆底部舀起般地大動作混拌
8 均勻地分次撒放粉類，以橡皮刮刀大動作混拌，混拌
   至粉類完全消失即可
9 在60×40公分烤盤上舖放烤盤紙，以1.5cm的圓口擠
   花嘴將麵糊斜向擠成條狀，重量850g的麵糊
10 擠滿整個烤盤
11 篩上薄薄的糖粉
12 以溫度180／140℃烤約9-10分鐘
13 將烤盤取出，脫模翻面後放涼

■② 香檳奶餡

材料 @60g（方便製作的份量）

香檳	110g	吉利丁粉	4g
香檳	60g	飲用水	24g
砂糖	96g	干邑白蘭地	5g
蛋黃	88g		
全蛋	23g	打發鮮奶油	75g

總重 485g

作法

1 全蛋、砂糖拌勻
2 香檳以平底深鍋加熱煮滾
3 一邊攪拌一邊沖入蛋黃、砂糖鍋，拌勻
4 再倒回平底深鍋，持續攪拌並煮至82℃
5 加入還原的吉利丁塊
6 下墊冰塊，降溫至40℃，加入白蘭地和香檳
7 以均質機打勻
8 下墊冰塊，降溫至22℃時拌入打發鮮奶油

■● 組合

材料 每2卷

鮮奶油香緹	300g	麝香葡萄	10-12顆
（參考P.23）			

作法

1 洗乾淨的新鮮麝香葡萄，切半
2 烤好的茶香脆皮蛋糕對切成二份，下墊烤盤紙
3 取一份鋪上150g的鮮奶油香緹
4 排上二列的麝香葡萄
5 最內側擠上60g的香檳奶餡
6 每一列麝香葡萄上都鋪上鮮奶油香緹共150g
7 稍微抹開固定麝香葡萄
8 以擀麵棍輔助，由邊緣拉起烤盤紙向外捲起
9 以烤盤紙包好冷藏至固定定型，可切成2卷
10 定型後再切成1.5公分的片狀

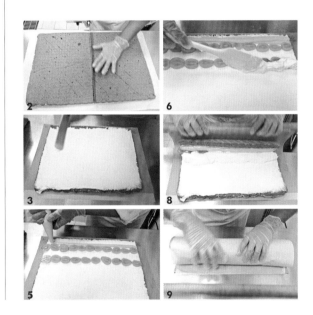

| 分蛋打發法海綿蛋糕 |

蛋白與蛋黃分蛋打發製作出來的分蛋法海綿蛋糕。擠出麵糊後撒上砂糖烘烤而成的手指餅乾（biscuits à la cuillère），是分蛋法海綿蛋糕的代表，也可以作為蛋糕卷使用。蛋白打發成尖角狀的乾性發泡蛋白霜，相較於全蛋打發，分蛋法麵糊稍具有硬度，可以擠出來烘烤成不同的外觀，這是與全蛋法海綿蛋糕麵糊最大的差別。

麝香葡萄凍

Gelée de muscat

以白葡萄汁為主體，把蘆薈、麝香葡萄
放入滑Q軟嫩的果凍中，
這樣的杯狀甜點在台灣比較少見，
簡單乾淨的口味，卻能讓人驚喜連連。

［ 麝香葡萄凍的口味組合 ］

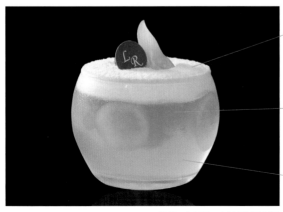

份量／150ml坡璃杯4個

鮮奶油香緹

element ●

帶來滑順的乳香與油脂的滋潤感

蜜漬蘆薈

element ❶

蜂蜜的香甜與蘆薈的嚼感，
漂浮在果凍中，帶來另一層次的口感

麝香葡萄果凍

element ❷

晶透軟嫩的果凍不只味覺享受，
視覺也帶來清涼感

━①━ 蜜漬蘆薈

材料

水	100g	洋甘菊	3g
砂糖	110g	蜂蜜	10g
白酒	60g	蘆薈	1罐（225g）
		總重	508g

作法

1 水、砂糖、白酒煮滾加入洋甘菊泡20分鐘
2 過篩再加入蜂蜜及蘆薈浸泡一晚

━②━ 麝香葡萄果凍

材料 @120g

葡萄汁	227g	檸檬汁	20g
白酒	52g	蜜漬蘆薈	100g
吉利丁塊	54g	麝香葡萄	60g
砂糖	20g	總重	533g

作法

1 白酒煮滾關火，加入吉利丁塊、砂糖、檸檬汁拌勻
2 加入葡萄汁降溫至15℃
3 倒入切半的葡萄和蜜漬蘆薈

━●━ 組合

材料 @150ml坡璃杯（4杯）

麝香葡萄	2.5-3顆	新鮮藍莓	4顆
鮮奶油香緹	60g	糖粉	適量
（參考P.23）			

作法

1 將葡萄果凍舀入杯中，每杯120g，小心不要舀入氣泡
2 冷藏至凝固
3 取出填入鮮奶油香緹至與杯口齊平，每一杯約15g
4 平整表面，篩上糖粉
5 放上切成角狀的麝香葡萄與新鮮藍莓

| 吉利丁塊的使用 |

法朋使用的是吉利丁粉（粉狀的明膠）平時會先測量用量，再加入重量4~5倍的水來還原成吉利丁塊，之後會加入熱的液體材料中溶解，或是以隔水加熱、微波的方式溶解後再加入。降溫至15℃時就需要將溶解的吉利丁倒入，視加入的比例，大約在10-12℃就會快速凝固。

無花果白黴乳酪塔

Tartelettes au brie et aux figues

這幾年大家開始喜歡無花果，
特殊的口感及香氣，是它最迷人的地方。
把來自法國的白黴乳酪及鳳梨搭配上無花果，
意外的協調與美味。

無花果戚風蛋糕

Chiffon cake aux figues

水果搭配上不同蛋糕，會衍生不同的美好滋
味，鬆軟化口的戚風蛋糕融合基底的焦糖，
在秋天這樣的層次感十分具有魅力。

無花果白黴乳酪塔

無花果白黴起士塔的口味組合

起士海綿蛋糕

element ●

帶有乳酪香味，連結水果奶餡
與白黴乳酪餡，
帶來鬆綿細緻的口感

水果奶餡

element ❶

3種熱帶水果的組合，
滿滿的酸甜與濃郁乳香，
襯托無花果的獨特風味

甜塔皮

element ●

甜點的基底，酥脆的咬感與奶油
小麥香氣

份量／6吋25個

無花果

element ●

甜點味道的主角，
使用雲林產的無花果

白黴乳酪餡

element ❸

香濃滑順的軟質乳酪，
與無花果形成絕妙的風味組合

糖炒鳳梨

element ❷

隱藏在塔底提味，
結合了焦糖的微苦與鳳梨的香甜

模型／6吋塔模

══❶ 水果奶餡

材料 @27g（方便製作的份量）

芒果果泥 …………… 85g	動物鮮奶油 ………… 68g
百香果果泥 ………… 50g	全蛋 ……………… 170g
鳳梨果泥 …………… 75g	蛋黃 ……………… 34g
新鮮熟成香蕉塊 …… 93g	砂糖 ……………… 111g
	吉利丁塊 ………… 40.8g
	奶油 ……………… 272g
	總重 998.8g

作法

1 鮮奶油、全蛋、蛋黃和一半的砂糖攪拌均勻
2 將3種果泥煮至40℃
3 倒入**1**中拌勻
4 倒入香蕉塊，再續煮至82℃
5 關火放入吉利丁塊攪拌均勻
6 過濾，下墊冰塊水降溫至45℃
7 加入切成小塊的奶油
8 過濾後以均質機打勻

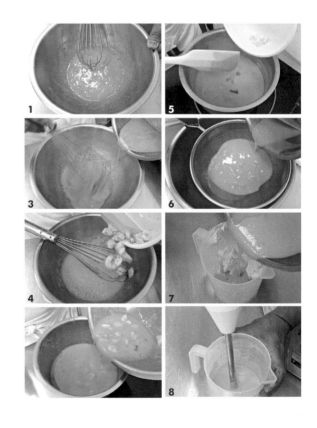

▬▬② 糖炒鳳梨

材料 @8g

砂糖	32g	檸檬汁	6g
新鮮鳳梨切丁	80g	香草棒	0.2g
鳳梨果泥	84g	**總重**	202.2g

作法

1 除了檸檬汁外的所有材料一起煮至濃稠如果醬

2 倒入下墊冰塊水冷卻

3 降至30°C以下後加入檸檬汁

▬▬③ 白黴乳酪餡

材料 @60g

動物鮮奶油	625g	黃色果膠	4.8g
香草棒	0.5支	吉利丁塊	90g
蛋黃	125g	奶油乳酪	325g
砂糖	87.5g	白黴乳酪	250g
		總重	1507.3g

作法

1 將蛋黃、砂糖、黃色果膠一起拌勻

2 將動物鮮奶油與香草棒煮滾

3 把 **2** 倒入 **1** 中拌勻

4 續煮至82°C

5 關火後加入吉利丁塊拌勻

6 過篩至2種乳酪中

7 以均質機打勻

▬▬● 組合

材料

甜塔皮	25個	新鮮無花果	25顆
（參考 P.145 製作）		新鮮覆盆子	12~13顆
起士海綿蛋糕	每個20g		
（參考 P.143 製作）			

作法

1 烤好的塔皮中擠入糖炒鳳梨8g

2 焦糖鳳梨四周擠入水果奶餡，再擠至與塔皮齊平，每個約27g

3 抹平後放上1塊起士海綿蛋糕，每個約20g

4 擠上白黴乳酪餡覆蓋起士海綿蛋糕，約60g

5 再以抹刀包覆，形成圓頂狀

6 沿著圓頂鋪上縱切成片的新鮮無花果1顆

7 頂端擺上半顆覆盆子裝飾

無花果戚風蛋糕

[無花果戚風蛋糕的口味組合]

白黴乳酪香緹

element ②

香滑濃郁的乳香，
也是簡單又漂亮的裝飾
並可固定新鮮無花果

焦糖奶餡

element ③

微苦的焦糖是大人的風味，
與滑順的卡士達醬結合，
為戚風蛋糕增添深層的滋味

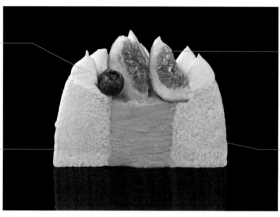

無花果

element ●

甜點味道的主角，
使用雲林產的無花果

原味戚風蛋糕

element ①

如雲朵般的輕柔口感，
與各種內餡都可以完美搭配

份量／直徑 15cm 5 個

① 原味戚風蛋糕

材料　@90g　直徑 15×高 9cm 中空模

芥花子油	46.5g	低筋麵粉	86g
牛奶	46.5g	蛋黃	98g
白巧克力	8.7g		
鹽	0.8g	蛋白	172g
蜂蜜	4g	砂糖	83g

總重　545.5g

作法

1 芥花籽油、牛奶加熱至 50℃
2 將 **1** 沖入白巧克力攪拌至光滑乳化
3 再加入鹽、蜂蜜、低筋麵粉
4 拌入蛋黃備用
5 以另外的鋼盆打發蛋白、砂糖
6 打至柔軟的 8 分發蛋白霜
7 取 1/3 蛋白霜拌入 **4**
8 再加入剩餘的 2/3 拌至均勻有光澤的麵糊
9 分別倒入中空模中
10 以 180 ／ 150℃的烤箱，烤 18-20 分鐘
11 取出倒扣放涼

② 白黴乳酪香緹

材料　@50g（方便製作的份量）

動物鮮奶油	250g	黃色果膠	1.9g
香草棒	0.1支	吉利丁塊	36g
蛋黃	50g	奶油乳酪	130g
砂糖	35g	白黴乳酪	100g

總重　602.9g

作法

1 將蛋黃、砂糖、黃色果膠一起拌勻
2 將動物鮮奶油與香草棒煮滾
3 把 **2** 倒入 **1** 中拌勻，續煮至 82℃
4 關火後加入吉利丁塊拌勻，過篩製成卡士達醬
5 將 2 種乳酪去皮以均質機攪打均勻
6 卡士達醬降溫後過篩入 **5** 中，再以均質機打勻

◼◼③ 焦糖奶餡

材料 @25g（方便製作的份量）

砂糖	100g	香草棒	0.2g
牛奶	100g	奶油	65g
鮮奶油	115g	吉利丁	3g
蛋黃	80g	飲用水	18g
		總重	481.2g

作法

1 砂糖煮至焦化（參考P.91）

2 加入牛奶、鮮奶油、香草棒攪拌均勻

3 再倒入蛋黃中拌勻

4 煮至82℃

5 關火放入吉利丁塊攪拌均勻

6 下墊冰塊水降溫至45℃

7 加入切成小塊的奶油

8 過濾後以均質機打勻

◼◼● 組合

材料 （每個）

新鮮無花果	1顆	新鮮藍莓	1顆

作法

1 原味戚風蛋糕中空部分擠入焦糖奶餡，每個25g

2 沿著外圍以圓口擠花嘴擠出球狀的白黴乳酪香緹，每個50g

3 中間放上縱切成片的新鮮無花果，以新鮮藍莓裝飾

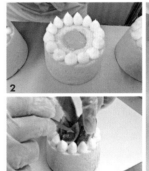

無花果乳酪塔

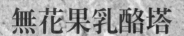

Tarte au fromage et aux figues

在法朋的甜點裡，充滿季節感、
結合各地的陽光、土地、水，醞釀出不同的風味。
台灣無花果有特殊的甜味，
烤過之後更加明顯，簡單但動人心弦。

季節栗子塔

Tarte d'automne aux châtaignes

秋天最美味的食物是栗子，
我們特別尋找產地在嘉義中埔的黃金板栗，
製作出屬於台灣風土滋味的蒙布朗。
讓甘甜香冶的絕妙滋味，
有自己土地的味道。

［ 無花果乳酪塔的口味組合 ］

杏仁奶油餡

element ❷

添加了少量低筋麵粉的杏仁奶油餡，
濃郁的杏仁風味，與派皮融合為一

白酒無花果

element ❸

濃縮了無花果的香甜與豐富的口感，
讓新鮮無花果更具風味層次

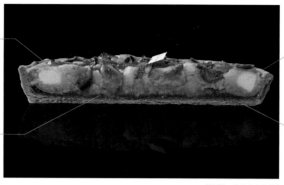

奶油乳酪

element ●

為杏仁餡與無花果提味，
增添乳香

法式簡易派皮

element ❶

烘烤後的薄脆派皮，
帶來酥鬆嚼感與奶油香氣

份量／7吋3個

━━❶ 法式簡易派皮

材料 @200g 7吋塔模

奶油	213g	砂糖	3.5g
低筋麵粉	325g	鮮奶油	88g
牛奶	25g	蛋黃	10g
鹽	3.5g	總重	668g

作法

1 將奶油切丁冷凍與低筋麵粉放入鋼盆中
2 拌到呈砂粒狀還看的到奶油
3 慢慢加入其他材料攪拌至成團，但不可打至完全均勻
4 裝入塑膠袋中，壓平靜置
5 取出擀平成3cm厚，鋪入7吋塔模中
6 用叉子刺出孔洞
7 以180／180℃烤40分鐘，取出冷卻備用

━━❷ 杏仁奶油餡

材料 @230g

奶油	220g	奶粉	9g
糖粉	176g	杏仁粉	224g
全蛋	119g	低筋麵粉	40g
蛋黃	22g	酸奶油	22g
		總重	832g

作法

1 奶油（溫度22℃）和糖粉攪拌均勻
2 加入全蛋和蛋黃（溫度32℃）拌勻
3 依序將全脂奶粉、杏仁粉和低筋麵粉加入混和均勻
4 最後拌入酸奶油

■■③ 白酒無花果

材料 @80g

無花果乾	100g	櫻桃白蘭地酒	3.6g
白酒	140g	檸檬汁	2.8g
		總重	246.4g

作法

1 無花果乾去蒂
2 用一鍋熱水（分量外）煮軟後瀝乾
3 切成丁
4 白酒、無花果丁煮滾至軟
5 收汁後倒出來，待冷卻後加入檸檬汁、櫻桃酒
6 以均質機打成泥狀

■■● 組合

材料 （每個）

新鮮無花果	3-4個	糖粉	適量
奶油乳酪	80g	南瓜籽	適量

作法

1 將烤好的派皮抹上80g的白酒無花果
2 再擠入230g的杏仁奶油餡，平整表面
3 擺上縱切成片的無花果
4 在空隙處放上切成1.5cm方丁的奶油乳酪
5 篩上糖粉
6 放入150℃的烤箱，烤30分鐘，降為130℃，烤10分鐘
7 蓋上細孔烤墊後以120℃，烤10-15分鐘
8 取出放涼，刷上鏡面果膠，撒上切半的南瓜籽

| 搓砂法的法式簡易派皮 |

作為糕點的底座，法式簡易派皮麵團的製作方法分為這裡使用的搓砂法（Sablage）和乳化法（Crémage）兩種。乳化法是將奶油攪打成乳霜狀製成，而搓砂法是將固態的奶油與麵粉混  合搓成像砂粒般鬆散的狀態而得名。為了製作出這樣的酥脆口感，製作時要注意混拌過程必須避免奶油與雞蛋分離，也必須注意避免奶油過度融化。

巧克力修多蛋糕

element ●
栗子餡的底部，
帶來蓬鬆濕潤的蛋糕口感

栗子奶餡

element ❶
滑順濃郁的栗子風味

杏仁塔

element ●
栗子塔的基座，
濃郁的杏仁香氣與存在感

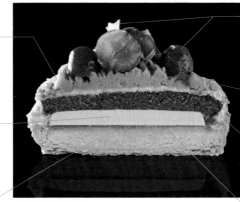

份量／6吋3個

栗子飾片、糖漬栗子

element ❹
口味的主角，
以葉形巧克力片裝飾

栗子餡

element ❸
純粹的栗子風味與口感

卡士達醬

element ●
連結栗子與修多蛋糕體，
綿密滑潤並可沾附脆片

綠檸檬果醬

element ❷
帶來酸度可中和栗子的甜，
也增添檸檬香氣

❶ 栗子奶餡

材料 @150g

全蛋	150g	吉利丁	40g
砂糖	50g	奶油	95g
鮮奶油	41g	栗子醬	10g
牛奶	41g	蘭姆酒	2g
栗子泥	82g	**總重**	**470g**

作法

1 鮮奶油、牛奶、栗子泥混合
2 以平底深鍋煮至65℃
3 全蛋、砂糖攪拌至發白，將 1 沖入
4 再倒回平底深鍋煮至80℃，加入吉利丁拌勻後過濾
5 待降溫到40℃時加入奶油、栗子醬、蘭姆酒，以手持
   式攪拌機均質
6 倒入直徑12.5cm的模具，冷藏至凝固

❷ 綠檸檬果醬

材料 @50g

水	100g	砂糖	80g
檸檬果泥	120g	NH果膠	3.5g
檸檬汁	80g	玉米粉	7.4g
檸檬皮	6g	**總重**	**396.9g**

作法

1 全部材料一起煮滾後過濾備用

▰▰● 檸檬糖水

材料 @10g

波美50°糖水	50g	檸檬酒	2g
		總重	**52g**

作法

混合備用

▰▰③ 栗子餡

材料 @150g

栗子泥	300g	鮮奶油	90g
無糖栗子	90g	牛奶	60g
		總重	**540g**

作法

1 栗子泥、無糖栗子加入牛奶、鮮奶油混合均勻
2 過篩後填入放有蒙布朗花嘴的擠花袋內備用

▰▰④ 栗子飾片

材料 @2片

牛奶巧克力 ⋯⋯⋯⋯ 150g

作法

1 將牛奶巧克力融化後進行調溫
2 抹在25×8cm的塑膠片上約2mm厚
3 以葉形壓模壓切
4 覆蓋上另一片塑膠片
5 捲在圓筒外以膠帶固定，待巧克力凝固即可形成弧形的飾片

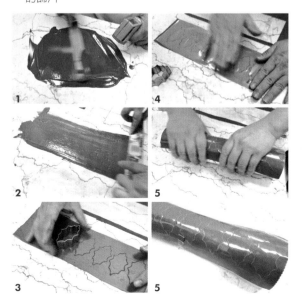

▰▰● 組合

材料 （每個）

烤好的杏仁塔	1個	卡士達醬	100g+少許
（參考P.44）		（參考P.140）	
巧克力修多蛋糕	1個	脆片	35-40g
（參考P.143）		糖漬栗子	9顆
		糖粉	適量

作法

1 烤好的杏仁塔表面抹上一層綠檸檬果醬
2 放上脫模的栗子奶餡
3 抹上少許的卡士達醬以便黏著
4 再加上一層巧克力修多蛋糕，並刷塗上檸檬糖水
5 整個蛋糕體抹上卡士達醬約100g
6 修整至平整
7 四周沾裹上脆片，篩上少許糖粉
8 表面以花嘴擠上栗子餡
9 最後再以糖漬栗子、葉形的栗子飾片裝飾

栗子燒

Gâteau aux châtaignes

千代田的栗子烤模把栗子的細緻紋路
刻畫得如此清楚，
放入整顆栗子在中間一起烤，
是喜愛栗子朋友的最佳選擇。

[栗子燒的口味組合]

栗子蛋糕體

element ●

加了2種栗子泥的蛋糕，
除了飽滿的栗子風味更帶著
堅果香

糖漬栗子

element ●

嚐得到整顆栗子，名符其實

份量／25個

材料 @35g 千代田的栗子烤模

奶油	207g	全蛋	185g
砂糖	190g	低筋麵粉	117g
鹽	1.7g	泡打粉	2.5g
有糖栗子泥	67g	杏仁粉	88g
無糖栗子泥	70g	蘭姆酒	5g
鮮奶油	22g	總重	955.2g

整顆去皮栗子 …… 25個

作法

1 模型預先塗抹奶油、篩上麵粉
2 奶油軟化
3 全蛋、鮮奶油、砂糖、鹽一起拌勻，隔水加熱至36℃
4 奶油和二種栗子泥用調理機打勻
5 慢慢加入3
6 一次加入粉類，打至均勻
7 放入蘭姆酒拌勻完成麵糊
8 每個栗子模先擠入麵糊30g
9 放入整顆栗子，在栗子再擠入5g的麵糊覆蓋
10 以190 ／ 185℃先烤10分鐘，之後8分鐘看狀態，再
　　增加1-2分鐘，共烤18-20分鐘

蒙布朗

～ *Mont-Blanc* ～

在秋冬季節一定要製作的甜點－ mont blanc，
篩上糖粉看起來像白朗峰上的積雪一樣。
傳統蒙布朗一定要有蛋白餅、
栗子與黑醋栗的搭配，讓人回味無窮。

[蒙布朗的口味組合]

糖漬栗子

element ●

味道的主角，
栗子原本的自然風味和香氣

和栗餡

element ④

蒙布朗的主要風味，
飽滿的栗子香與滑順的口感

香草香緹

element ⑥

入口即化，滑順濃郁，充滿香草風味

蛋白餅

element ③

蒙布朗不可缺的中心架構，
支撐滿滿的和栗餡

黑醋栗慕斯

element ②

與栗子相襯，凸顯出栗子風味與亮點，
也為蛋白餅帶來層次

表層淋醬

element ⑤

形成爽脆的外殼與堅果香，
並增添外觀的華麗感

栗子蛋糕

element ①

加了2種栗子泥的蛋糕，
除了飽滿的栗子風味更帶著堅果香

份量／30個

═① 栗子蛋糕

材料 @30g 直徑7×高2.5cm 的蛋糕模

奶油	178g	蛋黃	158g
有糖栗子	100g	泡打粉	8g
無糖栗子	225g	低筋麵粉	40g
砂糖	120g	**總重**	**1019g**
全蛋	190g		
黑醋栗	90顆		

作法

1 將二種栗子餡和砂糖一起拌至柔軟
2 再拌入軟化的奶油
3 分次加入全蛋、蛋黃拌至融合乳化
4 拌入泡打粉、低筋麵粉
5 裝入放有1cm圓口擠花嘴的擠花袋
6 每個模型擠入30g
7 麵糊表面各放入3顆黑醋栗
8 以150℃／150℃烤約15分鐘
9 取出脫模冷卻

■━② 黑醋栗慕斯

材料　@15g 直徑 2.5cm 的矽膠模

黑醋栗果泥	70g	蛋黃	57g
藍莓果泥	30g	吉利丁粉	4.5g
牛奶	100g	飲用水	27g
砂糖	67g	打發鮮奶油	174g

總重　529.5g

作法

1　吉利丁粉和飲用水拌勻，凝結成吉利丁塊
2　砂糖和蛋黃一起攪拌至泛白
3　將黑醋栗果泥、藍莓果泥和牛奶以平底深鍋一起煮滾
4　將**2**倒入**1**拌勻
5　再倒回平底深鍋中煮至82℃
6　關火加入吉利丁塊拌勻後過濾
7　降溫至28℃時加入打發鮮奶油
8　倒入直徑2.5cm的半圓模中
9　抹平表面冷凍至凝結

■━③ 蛋白餅

材料　@5g（方便製作的份量）

蛋白糖	224g	脫脂奶粉	56g
乾燥蛋白	0.6g	糖粉	190g
砂糖	190g	總重	660.6g

作法

1　將蛋白、蛋白粉混合，以球狀攪拌棒打發
2　分3次加入砂糖
3　攪打成尖端挺立的蛋白霜
4　放入脫脂奶粉和糖粉拌勻
5　裝入放有1cm圓口擠花嘴的擠花袋
6　擠出每個5g、高度3.5-4cm的蛋白餅
7　以100／100℃烤約120分鐘

▰▰◖④ 和栗餡

材料 @30g

日本和栗	490g	打發鮮奶油	175g
安貝有糖栗子	210g	**總重**	**875g**

作法

1 將二種栗子餡一起過篩
2 再拌入打發鮮奶油至均勻

▰▰◖⑤ 表層淋醬

材料 @5g（方便製作的份量）

40.5%迦納牛奶巧克力		液體油	12g
	200g	杏仁角	24g
		總重	**236g**

作法

1 牛奶巧克力加入液體油隔水加熱至融化
2 加入杏仁角拌勻
3 保持在45˚C備用

▰▰◖⑥ 香草香緹

材料 @10g（方便製作的份量）

鮮奶油	270g	香草棒	0.3g
砂糖	8g	吉利丁粉	1.5g
海藻糖	8g	飲用水	7.5g
		總重	**295.3g**

作法

1 吉利丁粉和飲用水混合後加熱至45˚C溶化
2 鮮奶油、砂糖、海藻糖一起打發
3 取 **2** 的1/3先和 **1** 拌勻
4 再加入剩下2/3拌勻

▰▰◖● 組合

材料 （每個）

糖漬栗子	0.5顆	金箔	少許

作法

1 將栗子蛋糕以竹籤刺入
2 浸入表層淋醬沾裹後放在底盤上冷卻
3 將黑醋栗慕斯脫模，放在栗子蛋糕上
4 擺上蛋白餅
5 將香草香緹裝入1cm圓口擠花嘴的擠花袋中，在蛋白糖上擠出圓頂狀
6 四周抹平
7 和栗餡裝入放有蒙布朗花嘴的擠花袋中，擠出來覆蓋整個蛋白糖與香草香緹
8 頂端以整顆的糖漬栗子裝飾

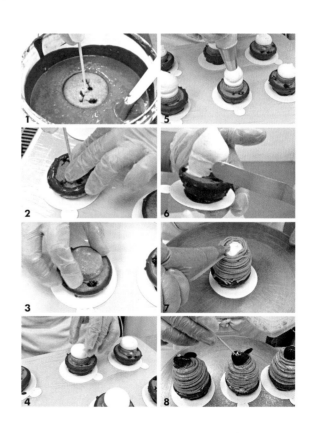

栗子酥

Millefeuille aux châtaignes

把剩下的折疊千層派皮或反折疊千層派皮
都拿來做成栗子酥吧！
在廚房內不浪費各種食材，
也代表主廚的能力。
剩下的千層派皮擠入杏仁餡，
放入糖漬栗子，
讓剩餘的材料變身美味的甜點。

［ 栗子酥的口味組合 ］

杏仁奶油餡

element ②

添加了少量低筋麵粉的杏仁奶油餡，濃郁的杏仁風味，與派皮融合爲一

千層酥

element ①

酥脆的嚼感，充滿奶油與小麥風味

糖漬栗子

element ●

糖漬過的栗子與其他素材不只是味道，口感也能完美搭配

份量／100個

═① 千層麵團

材料　@2026g

裹入油

奶油	1800g	**總重**	**2571g**
高粉	771g	分爲3份每份857g	

油皮

奶油	771g	砂糖	25.5g
高粉	1800g	鹽	51g
葡萄糖粉	15g	苦艾酒	257g
冷水	588g	**總重**	**3507.5g**
		分爲3份每份1169g	

作法

1 參考千層麵團（P.146）製作
2 擀成3mm的厚度
3 以180／180℃烤40分鐘

═② 杏仁奶油餡

材料　@20g

奶油	550g	奶粉	23g
糖粉	440g	杏仁粉	560g
全蛋	298g	低筋麵粉	100g
蛋黃	55g	酸奶油	55g
		總重	**2081g**

作法　參考P.142製作

═● 組合

材料　直徑3.5cm的小塔模

糖漬栗子	1/2顆	細砂糖 適量

作法

1 取出一份麵團，擀薄成0.3cm，再裁切成5×5cm正方
2 每片中間以圓口擠花嘴擠入20g杏仁餡
3 放入約1/2顆的糖漬栗子
4 噴上少許水霧後包起來
5 底部蘸上細砂糖
6 放入小塔模內進烤箱
7 以150／150℃烤20-25分鐘

烤洋梨派

Tarte aux poires

來自巴黎布魯耶爾大道上的洋梨派，
洋梨在法國的產季很長、價格實惠，
幾乎成為家庭中必備的甜點。
底部酥脆的塔中填入杏仁餡，清爽可口的洋梨派，
永遠的經典之作。

烤洋梨派的口味組合

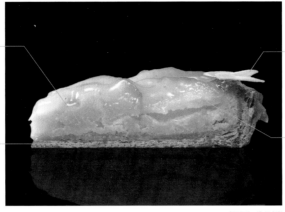

杏仁奶油餡

element ❷

添加了少量低筋麵粉的
杏仁奶油餡，濃郁的杏仁風味，
與派皮融合爲一

法式簡易派皮

element ❶

烘烤後的薄脆派皮，
帶來酥鬆嚼感與奶油香氣

杏仁片

element ●

裝飾並帶來口感與堅果的香氣

白酒洋梨

element ❸

以芳醇白酒浸煮的西洋梨，
充滿果香與細緻的口感，
並帶著甜美的風味

份量／6個

❶ 法式簡易派皮

材料　@100g　直徑12×5.5cm的塔模

奶油	213g	砂糖	3.5g
低筋麵粉	325g	鮮奶油	88g
牛奶	25g	蛋黃	10g
鹽	3.5g	總重	668g

作法　參考P.144製作

❷ 杏仁奶油餡

材料　@230g

奶油	220g	奶粉	9g
糖粉	176g	杏仁粉	224g
全蛋	119g	低筋麵粉	40g
蛋黃	22g	酸奶油	22g
		總重	832g

作法　參考P.142製作

❸ 白酒洋梨

材料　@60g

新鮮洋梨	10個	蜂蜜	18g
（約1.25kg）洋梨皮保留		檸檬汁	38g
白酒	375g	香草棒	0.5g
水	375g	鏡面果膠	100g
砂糖	245g	洋梨酒	15g
		總重	2416.5g

作法　參考P.61製作

● 組合

材料（每個）

鏡面果膠	適量	白酒洋梨	60g（打成泥）
杏仁片	適量	白酒洋梨	2顆（約8塊）

作法

1　取1000g的派皮麵團擀平入模，以叉子戳出小洞
2　以180／180℃烤30分鐘烤熟
3　鋪入打成泥的白酒洋梨抹平
4　擠入230g的杏仁餡抹平表面
5　白酒洋梨一塊切成3片，一顆共切成12片
6　沿著中心排成放射狀
7　以150℃烤30分鐘，蓋上細孔烤墊改以130℃烤10分鐘
8　在降溫至120℃烤10-15分鐘
9　取出冷卻後脫模，塗上果膠在四周排上杏仁片

香梨

Poire

讓高雅清爽的洋梨成為主角，
口中跳出令人驚豔的荔枝香味，
與伯爵茶香的細膩相互跳躍，
呈現出秋季該有的風味。

[香梨的口味組合]

份量／30個

洋梨慕斯

element ❶

以浸煮過的西洋梨製成濃醇滑順
的慕斯，將西洋梨的美味濃縮

荔枝凍

element ❷

爲洋梨慕斯提味，也增加口感，
荔枝獨特的花香更成爲亮點

手指餅

element ❸

既是裝飾，也能夠增加酥脆的口感

白酒洋梨

element ❻

以芳醇白酒浸煮的西洋梨，
充滿果香與細緻的口感，
並帶著甜美的風味

伯爵茶杏仁蛋糕

element ❹

2種慕斯之間的夾層與支撐，
形成更多變化的口感與風味

洋梨酒糖液

element ❸

濕潤杏仁蛋糕，並帶來酒香

伯爵茶巧克力慕斯

element ❺

與洋梨慕斯形成顏色的對比與口味的搭配，
伯爵茶香凸顯洋梨的甜美

---

① 洋梨慕斯

材料　@25g

洋梨果泥	287g	Negrita 洋梨酒	40g
濃縮洋梨汁	24g	蛋白	32g
砂糖	21g	砂糖	64g
檸檬汁	11g	水	20g
吉利丁粉	7g	打發鮮奶油	286g

總重　792g

作法

1　洋梨果泥、濃縮洋梨汁、砂糖、檸檬汁一起煮滾

2　加入吉利丁粉拌勻

3　降溫至40℃時加入洋梨酒

4　蛋白以另一個鋼盆打發

5　砂糖和水煮至116℃的糖漿

6　將糖漿緩緩倒入打發的蛋白霜中，持續攪打至降溫，
完成義式蛋白霜

7　待**3**降溫至32℃時加入義式蛋白霜

8　攪拌至7分均勻時拌入打發鮮奶油，攪拌至均勻

▇▇② 荔枝凍

材料 @10g 直徑3cm矽膠模

荔枝果泥	232g	吉利丁塊	34g
砂糖	17g	檸檬汁	9.5g
荔枝酒	29g	總重	321.5g

作法

1 荔枝果泥、砂糖、檸檬汁煮滾
2 加入吉利丁塊拌至均勻
3 降溫至30℃時加入荔枝酒
4 倒入直徑3cm的圓餅矽膠模中
5 冷藏至凝固

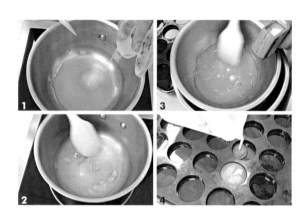

▇▇③ 洋梨酒糖液

材料 @適量

飲用水	87g	洋梨酒	74g
波美糖水	174g	總重	335g

作法

1 全部拌勻即可

▇▇④ 伯爵茶杏仁蛋糕

材料 @600g

杏仁粉	90g	砂糖	80g
糖粉	75g	低筋麵粉	55g
全蛋	95g	伯爵茶粉	8g
蛋黃	70g	奶油	40g
蛋白	145g	總重	658g

作法

1 全蛋、蛋黃隔水加熱至32℃
2 確實攪打至整體顏色發白，呈濃稠狀為止
3 蛋白、砂糖以攪拌器輕輕攪散蛋白，打發成8分發的蛋白霜
4 將打發的蛋白霜分次加入全蛋鍋中
5 均勻地分次撒放粉類，以橡皮刮刀大動作混拌
6 最後拌入融化的奶油至均勻
7 將麵糊倒入鋪有烤盤紙60×40cm的烤盤中，以190／150℃烤8-10分鐘
8 待表面及底部烘烤出烤焙色澤，取出，脫模翻面後放涼
9 以壓模將伯爵茶杏仁蛋糕體切成直徑3cm和直徑5cm二種大小的圓片備用，各30片

▬⑤ 伯爵茶巧克力慕斯

材料 @25g

鮮奶油A	224g	牛奶巧克力	154g
伯爵茶	17g	鮮奶油B	224g
伯爵茶鮮奶油	168g	白蘭地酒	8g
吉利丁粉	3g	**總重**	**798g**

作法

1 鮮奶油A煮滾，加入伯爵茶浸泡15分鐘
2 過濾後將伯爵茶鮮奶油補足至60g
3 伯爵茶鮮奶油加熱至60℃
4 加入吉利丁粉拌至均勻
5 倒入牛奶巧克力中攪拌至融化
6 以均質機攪打並加入鮮奶油B與白蘭地酒

▬⑥ 白酒洋梨

材料 @15g

新鮮洋梨10個(約1.25kg)		蜂蜜	18g
白酒	375g	檸檬汁	38g
水	375g	香草棒	0.5g
砂糖	245g	**總重**	**2301.5g**

作法

1 新鮮洋梨去皮去核備用，洋梨皮及核保留不要丟棄
2 白酒加上水煮滾，加入洋梨皮、核續煮10分鐘
3 過濾掉皮、核
4 洋梨縱切成4份
5 放入3，加入砂糖、蜂蜜、檸檬汁、香草棒
6 保持在90℃的溫度下小火煮
7 煮至能以小刀刺穿洋梨，不要過軟即可，浸泡備用

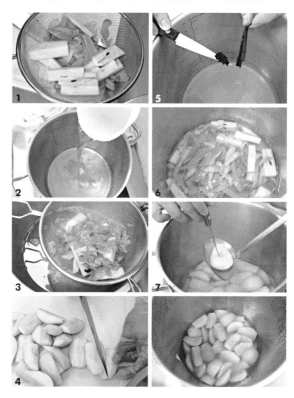

 | **打發鮮奶油的程度** |

鮮奶油為了保存性，一般會以乳化呈安定狀態的液態銷售。以攪拌器打發鮮奶油，空氣會在鮮奶油中以細小的氣泡進入，藉由空氣變性來破壞脂肪球的膜，肪脂球膜的表面會有部份進入疏水性領域，在疏水性領域中與空氣結合，脂肪球會集結在氣泡周圍，隨著脂肪球之間相互的撞擊而不斷地加以集結，在氣泡間形成網狀結構，成為支撐打發鮮奶油的硬度。蛋糕卷需要的鮮奶油香緹大約是打至8分發，鮮奶油表面可留下清楚的攪拌痕跡即可。

六分發

八分發

■━● 組合

材料 直徑6cm半圓模

手指餅（參考P.52）··· 10個   銀箔 ················ 適量
洋梨果膠 ············· 5g

作法

1 煮好的白酒洋梨切成薄片
2 放入直徑6cm的半圓模中，緊貼底部
3 倒入25g的洋梨慕斯，以湯匙抹至模型周圍不免產生氣泡
4 將荔枝凍脫模放入，稍微往下壓至洋梨慕斯中
5 直徑3cm的伯爵茶杏仁蛋糕片，浸入洋梨酒糖液後取出
6 放在**4**荔枝凍的上方
7 冷凍至凝結後取出
8 擠上25g的伯爵茶巧克力慕斯
9 填滿伯爵茶杏仁蛋糕四周與半圓模，平整表面
10 直徑5cm的伯爵茶杏仁蛋糕片刷上洋梨酒糖液
11 鋪至伯爵茶巧克力慕斯上，稍微按壓平整
12 冷凍至凝結
13 取出脫模
14 淋上洋梨果膠
15 四周黏上水滴狀的手指餅，作法參考P.52頁，擠成直徑3cm的水滴狀

嫣紅

Framboise et rose

經典的覆盆子與玫瑰口味，
是女性客人很喜歡的品項之一，
再用巧克力平衡協調二者的風味，
讓3種滋味得到完美的呈現。

蘇格蘭威士忌

Scotch

加入成熟內斂的威士忌製成甘納許，
入口即化滿溢的酒香，與巧克力是絕配，
是一款大人風味的巧克力。

巧克力外殼

element ③

薄脆的外殼，提示口味的裝飾，
完整包覆內層甘納許

覆盆子·玫瑰軟糖

element ①

覆盆子與玫瑰的經典口味，
與巧克力完美搭配的酸香滋味

覆盆子碎

element ●

裝飾並帶來微微的酸香

覆盆子甘納許

element ②

覆盆子與荔枝，
與具有紅色莓果香的
孟加里巧克力
一起製成甘納許，相互襯托加分

份量／2.5×2.5×高1.5cm 30個

[蘇格蘭威士忌的口味組合]

巧克力外殼

element ③

薄脆的外殼，形成光亮美麗的外
觀，完整包覆內層甘納許

巧克力底

element ①

作為蘇格蘭威士忌甘納許的底部

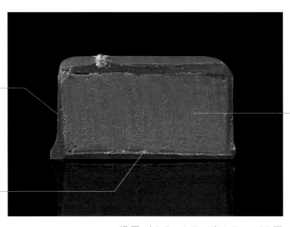

蘇格蘭威士忌甘納許

element ②

馥郁濃醇的威士忌甘納許內餡

份量／2.5×2.5×高1.5cm 30個

嫣紅

▬▬① 覆盆子玫瑰軟糖

材料

覆盆子果泥	37g	黃色果膠	1.6g
荔枝果泥	10g	砂糖	65g
玫瑰醬	6.2g	吉利丁粉	9.5g
砂糖	7g	酒石酸	0.48g
		總重	136.78g

作法

1 所有材料混合煮至108℃
2 倒入24×8×高1.5cm的模型中，冷藏至凝固

▬▬② 覆盆子甘納許

材料

覆盆子果泥	28.6g	64%孟加里巧克力	88.8g
荔枝果泥	35.2g	40.5%迦納牛奶巧克力	
轉化糖漿	4.4g		33g
山梨糖醇	8.8g	奶油	12.1g
葡萄糖漿	8.8g	總重	270g

作法

1 將二種巧克力切碎備用
2 二種果泥加熱至80℃，加入轉化糖漿、山梨糖醇拌勻
3 倒入 **1** 中攪拌融化巧克力
4 以均質機打勻
5 再加入軟化的奶油
6 以均質機均質
7 待覆盆子玫瑰軟糖凝固不沾黏
8 將降溫至28℃的覆盆子甘納許倒在覆盆子玫瑰軟糖上
9 將甘納許薄薄的鋪開一層，靜置凝固
10 凝固後再切成2.5cm的塊狀

蘇格蘭威士忌

━① 巧克力底

材料 @10g

64% 孟加里巧克力··· 200g

作法

1 將融化的巧克力在矽膠墊上薄薄的鋪開一層
2 將4條塑膠等高尺圍起成8×24cm的長方塊狀備用

━② 蘇格蘭威士忌甘納許

材料

70% 瓜納拉巧克力···· 34g	轉化糖漿············· 3g
40.5% 迦納牛奶巧克力	山梨糖醇············· 3.5g
···············13g	奶油··············· 4.29g
鮮奶油··············35g	蘇格蘭威士忌··· 7.21g

總重 100g

作法

1 將二種巧克力切碎備用
2 鮮奶油加熱至80℃，加入轉化糖漿、山梨糖醇拌勻
3 倒入 **1** 中攪拌融化巧克力
4 以均質機打勻
5 再加入軟化的奶油，以均質機均質
6 加入蘇格蘭威士忌，待降溫至28℃時，再倒入已鋪有
   薄層巧克力底的模型中
7 待甘納許凝固後，再次將融化的巧克力在甘納許表
   面，薄薄的鋪開一層，靜置凝固
   底部和表面的巧克力，可幫助切割時更平整

━● 調溫

讓巧克力的結晶完全融化，接著再降至可可脂開始再度結晶的溫度，接著再讓溫度升至略高於可可脂，再變為液體，而且可以加工的溫度：硬化時，巧克力可保留光澤度和脆口感，因為可可脂會在較穩定的型態下結晶。構成可可脂的5種不同的油脂分子會各自在不同的溫度融化，調溫是唯一可讓可可脂形成 β 型態的方法。這個型態最穩定，可確保光澤度、硬度、入口即化度和保存。

這就是必須熟悉不同巧克力加工溫度的原因：黑巧克力、牛奶巧克力和白巧克力所要遵循的溫度曲線都不同。調溫包括：隔水加熱bain-marie、播種ensemencement，或大理石調溫tablage。以下是大理石調溫法。

巧克力種類	融化溫度	預結晶溫度	加工溫度
黑巧克力	50-55℃	28-29℃	31-32℃
牛奶巧克力	45-50℃	27-28℃	29-30℃
白巧克力或其他	45℃	26-27℃	28-29℃

■■■③ 巧克力外殼

材料 @10g

64% 孟加里巧克力‧‧200g
乾燥覆盆子‧‧‧‧‧‧‧‧‧適量

金色食用色素‧‧‧‧‧‧‧‧適量

作法

1 參考下方將巧克力進行調溫
2 冷卻凝固的甘納許去除四邊的塑膠條脫模
3 用巧克力切割器切成 2.25×2.25cm 的方塊
4 用調溫巧克力叉將甘納許浸入完成調溫的巧克力中
5 將巧克力糖輕輕取出，務必讓整顆甘納許被巧克力充分包覆
6 在碗邊去掉多餘的巧克力，將巧克力糖擺在烤盤紙上
7 嫣紅以乾燥覆盆子裝飾，蘇格蘭威士忌以小刀蘸金色食用色素在巧克力糖表面劃出條紋

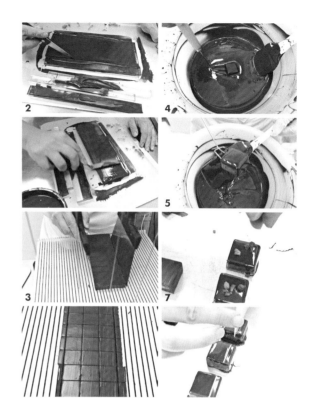

作法

1 在隔水加熱的盆中放入切成碎塊的巧克力，加熱至45-48℃讓黑巧克力融化
2 巧克力融化時，將2/3的巧克力倒在大理石上降溫
3 用曲型抹刀將巧克力由外向內帶
4 接著再度鋪開。重複同樣的步驟，讓溫度下降
5 在黑巧克力的溫度達 27–28℃，再加熱讓溫度上升
6 再逐步將融化巧克力和剩餘的熱巧克力倒入不鏽鋼盆，直到黑巧克力達32℃，不可超過32℃

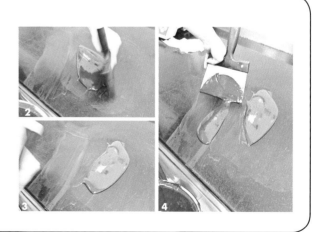

巧克力熔岩

Fondant au chocolate

3種不同的巧克力
交織出這古典經典的巧克力蛋糕，
每一款巧克力的風味各有不同，
水果的香氣酸味，
可可的醇厚苦味，讓這款巧克力蛋糕
在秋冬成為最受歡迎的主角。

[巧克力熔岩的口味組合]

巧克力甘那許

element ❶
烘烤後仍是軟稠狀，切開後成為
熔岩流洩而出

巧克力蛋糕

element ❷
使用2種巧克力製成，風味濃醇
的濕潤蛋糕體，太白胡麻油不搶
味更添芳香

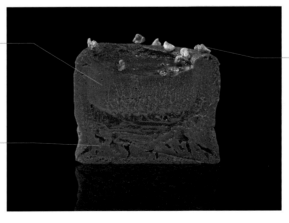

覆盆子碎

element ●
裝飾並帶來微微的酸香

份量／12個

▰① 巧克力甘那許

材料 @15g

64%巧克力	175g	轉化糖漿	20g
鮮奶油	165g	奶油	38g
麥芽	20g	總重	418g

作法

1 巧克力切碎備用

2 鮮奶油煮至80℃，加入麥芽與轉化糖漿

3 倒入切碎的巧克力中

4 以均質機打勻

5 放入軟化的奶油打至均質

6 倒入直徑5cm的圓餅模中冷凍凝固，每個15g

▰② 巧克力蛋糕

材料 @55g 直徑5cm的紙模

70%聖多明尼克巧克力	75g	砂糖	135g
66%阿多索巧克力	75g	低筋麵粉	40g
奶油	100g	可可粉	7.5g
太白胡麻油	35g	牛奶	7.5g
		全蛋	200g
		總重	675g

作法

1 將2種巧克力和奶油一起以50℃融化

2 全蛋加砂糖加熱至36℃拌勻

3 太白胡麻油和牛奶一起加熱至40℃拌入

4 可可粉和低筋麵粉拌勻

5 再倒入 **1** 與 **2**

6 混合成麵糊

7 每個模型擠入20g的麵糊

8 將巧克力甘那許脫模，放入麵糊中

9 再倒入35g的麵糊覆蓋甘那許

10 以220／180℃烤8分鐘

11 取出趁熱脫模，撒上乾燥覆盆子碎（材料表外）享用

巧克力千層

Mille feuille au chocolat

把巧克力和千層酥皮的特色
透過一道甜點發揮得淋漓盡致，
如同讓強烈巧克力風味與輕盈的質地搭配上
酥脆層次的千層派更相得益彰，
多層次的巧克力內餡入口即化，
夾入榛果脆底讓每個組成要件都能協調一致。

巧克力千層的口味組合

份量／12個

焦糖榛果

element ●
增添堅果香及口感

巧克力香緹

element ④
香醇滑順，乳香與巧克力風味
兼具的香緹

千層酥

element ⑤
酥脆的嚼感，
充滿奶油與小麥風味

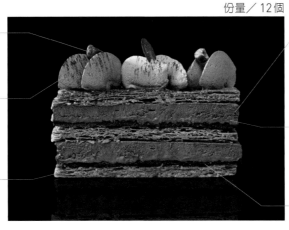

巧克力慕斯

element ③
以72%阿拉瓜尼巧克力製作，
濃郁的巧克力風味搭上
輕盈的質地，吃過難忘

巧克力奶餡

element ②
帶著濃郁的威士忌風味，
強化巧克力的香醇

巧克力脆底

element ●
加入了榛果莎布列製成，
不僅帶來嚼感更有豐富的榛果香

▬●　巧克力榛果莎布列

材料

奶油	64g	二砂糖	17g
低筋麵粉	50g	鸚鵡糖	17g
可可粉	10g	榛果粉	42g
		總重	200g

作法

1 低筋麵粉、可可粉和榛果粉，加入二砂糖和鸚鵡糖以槳狀攪拌棒拌勻
2 加入打軟的奶油拌勻成團
3 以粗篩網過篩在烤盤上
4 放入150／150℃烤15-18分鐘
5 取出備用

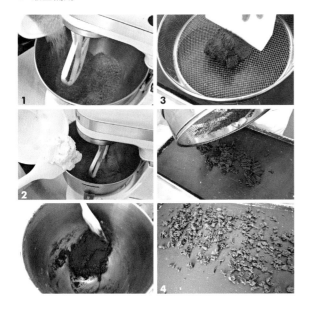

▬①　巧克力脆底

材料　全量　60×40cm的方框模

64%巧克力	34g	荳蔻粉	0.5g
鹽	0.5g	奶油	18g
50%	榛果醬50g	巧克力榛果莎布列	173g
		總重	276g

作法

1 巧克力榛果莎布列用擀麵棍打成細碎狀
2 巧克力、鹽、50%榛果醬、荳蔻粉、奶油隔水加熱至融化，拌入巧克力榛果莎布列
3 鋪平在60×40cm的方框模中，冷藏備用

■②■ 巧克力奶餡

材料 全量 60×40cm 的方框模

牛奶 ························ 98g　　66% 艾爾帕蔻巧克力 · 65g
鮮奶油 ···················· 98g　　40.5% 迦納牛奶巧克力
轉化糖漿 ················· 20g　　······················ 33g
蛋黃 ························ 43g　　威士忌 ··············· 20g

　　　　　　　　　　　　　　　　總重　377g

作法

1　牛奶、鮮奶油以平底深鍋煮滾，加入轉化糖漿拌勻
2　倒入打散的蛋黃中再倒回平底深鍋中煮至82℃
3　過篩沖入巧克力中
4　以均質機攪打
5　待降溫至40℃時加入威士忌
6　倒入冷藏凝固的巧克力脆底上，冷藏備用

■③■ 巧克力慕斯

材料 全量 60×40cm 的方框模

牛奶 ························ 65g　　轉化糖漿 ··········· 45g
鮮奶油 ···················· 65g　　72% 阿拉瓜尼巧克力
香草棒 ·················· 0.3g　　······················ 160g
蛋黃 ························ 65g　　打發鮮奶油 ········ 312g

　　　　　　　　　　　　　　　　總重　712.3g

作法

1　牛奶、鮮奶油、香草棒以平底深鍋煮滾，加入轉化糖漿拌勻
2　倒入打散的蛋黃中再倒回平底深鍋中煮至82℃
3　過篩沖入巧克力中
4　以均質機攪打
5　降溫至32℃時拌入打發鮮奶油
6　倒入冷藏凝固的巧克力奶餡上，冷藏備用

■━④ 巧克力香緹

材料 @25g

鮮奶油 ⋯⋯⋯⋯⋯ 175g	40.5%迦納牛奶巧克力
吉利丁塊 ⋯⋯⋯⋯ 15g	⋯⋯⋯⋯⋯⋯⋯⋯ 27g
66%艾爾帕蔻巧克力	鮮奶油 ⋯⋯⋯⋯⋯ 175g
⋯⋯⋯⋯⋯⋯⋯⋯ 40g	威士忌 ⋯⋯⋯⋯⋯⋯ 5g
	總重 437g

作法

1 將鮮奶油加熱至60℃
2 沖入吉利丁塊和2種巧克力中
3 混拌均勻後均質
4 在倒入鮮奶油和威士忌中再次均質
5 再全部打發即可

■━⑤ 千層麵團

材料 @2026g

裹入油

奶油 ⋯⋯⋯⋯⋯⋯ 1800g	總重 2571g
高粉 ⋯⋯⋯⋯⋯⋯ 771g	分為3份每份857g

油皮

奶油 ⋯⋯⋯⋯⋯⋯ 771g	砂糖 ⋯⋯⋯⋯⋯ 25.5g
高粉 ⋯⋯⋯⋯⋯⋯ 1800g	鹽 ⋯⋯⋯⋯⋯⋯⋯ 51g
葡萄糖粉 ⋯⋯⋯⋯ 15g	苦艾酒 ⋯⋯⋯⋯⋯ 257g
冷水 ⋯⋯⋯⋯⋯⋯ 588g	總重 3507.5g
	分為3份每份1169g

作法

1 參考千層麵團（P.146）製作
2 擀成3mm的厚度
3 以180 ／ 180℃烤40分鐘
4 每一片千層表面篩上35g的糖粉（份量外），以200℃烤至形成表面焦糖薄層
5 切成10.5×3cm的長方片，共36片

■━● 組合

材料 （每個）

烤好的千層酥10.5×3cm	可可粉 ⋯⋯⋯⋯⋯ 適量
⋯⋯ 3片（參考P.146）	焦糖榛果 ⋯⋯⋯⋯ 適量

作法

1 將巧克力夾層脫模
2 切成10.5×3cm的長方塊共2塊
3 間隔以烤好的3片千層酥夾起
4 表面擠上巧克力香緹，篩上可可粉，以焦糖榛果裝飾

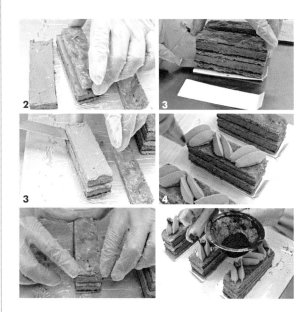

│ 可可成分與百分比 │

巧克力的可可成分越是豐富，它的流動度越高，也越適合用來塑型。包裝上如果沒有標明，可尋找營養資訊的部分，並查看每份的總脂肪量（克數）。將這個量除以總份數大小（克數），便能正確估算可可脂的百分比。在歐洲，請尋找每100克巧克力成品的脂肪量，這就是巧克力所含的可可脂百分比。通常我們會將高比例的可可與強烈的味道相連結。實際上所含的可可含量越高，糖就越少。但巧克力的味道取決於許多額外的因素。可可豆的品種、可可豆生長的地方、烘焙與製造方式…，可可的味道可能還不如可可含量60%的巧克力濃烈。請品嚐各種巧克力以評估其濃度和特徵，並依想要的效果進行選擇。

Printemps et Été

春 夏

芒果伯爵蛋糕卷

Gâteau roulé au thé Earl Grey et à la mangue

運用不同茶味,適當的添加在蛋糕體內,
美妙的風味會隨著不同內餡表現出不同的滋味。

[芒果伯爵蛋糕卷的口味組合]

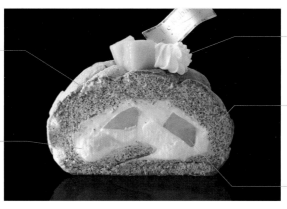

茶香脆皮蛋糕

element ②

伯爵茶口味的分蛋海綿蛋糕，
以糖粉製作出脆皮的口感，
與夾層的水果相互襯托

百香芒果奶餡

element ①

充滿熱帶水果的風味，夾進蛋糕
捲中，帶來豐富濃郁的酸香滋味

鮮奶油香緹

element ③

芒果的黏著劑，增加奶香與滑順感

百香芒果香緹

element ④

賦予脆皮蛋糕風味與濕潤度，
增添酸香風味與層次感

芒果

element ⑤

甜點味道的主角，
使用台南的愛文芒果

份量／17公分4卷

━① 百香芒果奶餡

材料 @60g

百香果果泥	68g	全蛋	90g
芒果果泥	23g	奶油	45g
金桔果泥	7.5g	吉利丁粉	0.8g
砂糖	81g	飲用水	6g

總重　321.3g

作法

1 全蛋、砂糖拌勻

2 百香果、芒果、金桔果泥以平底深鍋加熱至65℃

3 一邊攪拌一邊沖入蛋黃、砂糖鍋，拌勻

4 再倒回平底深鍋，持續攪拌並煮至82℃

5 加入還原的吉利丁塊

6 下墊冰塊，降溫至40℃

　為什麼要降溫至40℃？溫度太高會造成之後乳化奶
　油容易分離，40℃剛好在均質奶油後，溫度會在34-
　35℃比較穩定

7 加入奶油，以均質機攪打至均勻滑順

8 放置一晚備用

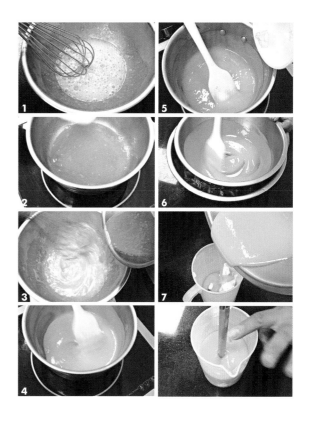

■■■② 茶香脆皮蛋糕

材料 @820g　60×40公分烤盤1個

蛋黃	200g	高筋麵粉	80g
砂糖B	80g	低筋麵粉	80g
蜂蜜	15g	伯爵茶粉	12g
		總重	925g
蛋白	300g		
砂糖A	170g	糖粉	適量

作法

1　蛋黃、砂糖B、蜂蜜隔水加熱至38℃

　　為什麼要加熱至38℃？蛋黃內包含22-24%的油脂及卵磷脂，經過加熱溫度在28-32℃是乳化最好的溫度，乳化後更加容易打發

2　確實攪打至整體顏色發白，呈濃稠狀為止

3　蛋白、砂糖A以攪拌器輕輕攪散蛋白，打發

4　打至8分發的蛋白霜

　　注意打發蛋白的發度約8分發，打發不足化口度不好

5　粉類放入網篩內，過篩到紙上

6　將打發的蛋白霜分次加入蛋黃鍋中

7　以刮刀輕柔混拌，待全體融合，加入其餘蛋白霜，避免破壞氣泡地由缽盆底部舀起般地大動作混拌

8　均勻地分次撒放粉類，以橡皮刮刀大動作混拌，混拌至粉類完全消失即可

　　一邊轉動缽盆，邊大動作地用最少的次數拌均勻

9　在60×40公分烤盤上鋪放烤盤紙，以直徑1.8cm的圓口擠花嘴將麵糊斜向擠成條狀，重量820g的麵糊

10　擠滿整個烤盤

11　篩上薄薄的糖粉

12　以溫度180／140℃烤約9-10分鐘

　　待表面及底部烘烤出烤焙色澤時即可

13　將烤盤取出，脫模翻面後放涼

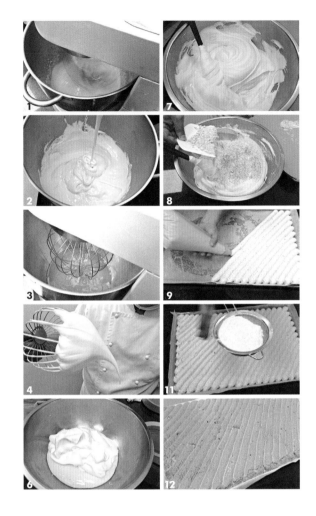

■■■③ 鮮奶油香緹

材料 @120g

鮮奶油	300g	砂糖	16g
		總重	316g

作法

1　鮮奶油加入砂糖打發

2　打發至鮮奶油表面可留下清楚的攪拌痕跡

■—④ 百香芒果香緹

材料 @180g

百香芒果醬 ········· 140g　　鮮奶油 ········· 220g

總重　360g

作法

1　鮮奶油加入百香芒果醬打發
2　打發至鮮奶油表面可留下清楚的攪拌痕跡

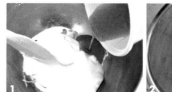

■—● 完成

材料 （每2卷）

新鮮芒果 ········· 220g　　百香芒果香緹 ······ 180g

百香芒果奶餡 ········· 60g　　鮮奶油香緹 ······ 120g

作法

1　洗乾淨的新鮮芒果，去皮及核切成長條狀
2　烤好的茶香脆皮蛋糕對切成二份，下墊烤盤紙
3　取一份抹上百香芒果香緹約180g
4　最內側擠上60g百香芒果奶餡
5　排上二列的芒果
6　每一列芒果上都鋪上鮮奶油香緹共120g
7　稍微抹開固定芒果
8　以擀麵棍輔助，由邊緣拉起烤盤紙向外捲起
9　以烤盤紙包好冷藏至固定定型，再切成2卷
10　定型後再切成1.5公分的片狀

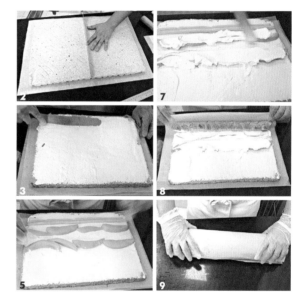

｜ 卡士達醬的變化 ｜

百香芒果奶餡是卡士達醬的變化版，將卡士達醬的牛奶替換成百香果、芒果、金桔果泥，就能製作出具有熱帶風味的奶餡。卡士達醬Créme pâtissière直譯就是糕點師的奶油餡，也是糕點製作上不可或缺的元素之一。混拌了雞蛋、砂糖、牛奶（或其他液體材料），藉由加熱使其產生濃稠度。這裡添加少許的吉利丁，不影響口感，但有助於奶餡在組合時更穩定，不易滑移變形。更多變化請參考P.141。

百香果奶餡

包種茶奶餡

［ 芒果薩瓦倫的口味組合 ］

芒果

element ●

甜點味道的主角，
使用台南的愛文芒果

水果酒糖液

element ④

濕潤薩瓦倫，帶來柳橙、
百花果與干邑的風味與香氣

薩瓦倫

element ❶

加入了蛋、奶油、牛奶等高成分
的發酵麵團，是薩瓦倫的基底並
帶來口感

羅勒檸檬凍

element ❷

晶瑩剔透的漂亮外觀，不僅可以固定
芒果塊，更增添羅勒檸檬香氣

紅烏龍茶巧克力慕斯

element ❺

烏龍茶的風味，巧妙的平衡了
水果的酸，美味更具層次

百香杏桃奶餡

element ❸

3種水果不同層次的酸香，
恰到好處的酸味

份量／150ml的玻璃杯20個

芒果薩瓦倫

Savarin à la mangue

在台灣炎熱的夏季，沒有甚麼比芒果更加消暑。
薩瓦倫浸泡滿滿柑橘酒香的檸檬凍，
阿里山的紅烏龍慕斯及酸味十足的百香杏桃奶餡，
組合成最適合夏季的美味甜點。

① 薩瓦倫

材料 @60g 直徑3.5cm 高2.5cm 的小塔模

高筋麵粉	500g	全蛋	260g
砂糖	50g	乾酵母	5g
鹽	9g	牛奶	200g
奶粉	15g	奶油	150g
檸檬皮、柳橙皮	各1顆	**總重**	**1189g**

作法

1 混合過篩的高筋麵粉、砂糖、鹽、奶粉、檸檬皮、柳橙皮放入攪拌缸

2 牛奶及新鮮酵母混合溶解；奶油融化後降溫備用

3 用裝有勾狀攪拌棒的攪拌機一邊以中速攪打，一邊倒入牛奶及新鮮酵母液

4 混拌至水分完全消失，逐次少量地倒入全蛋

5 整體均勻混拌，過程中需幾度停止攪拌，刮落沾黏在缽盆及勾狀攪拌棒上的麵團。

6 當麵團攪拌至光滑的狀態後，再加入融化的奶油，以高速攪拌至麵團不再沾黏至缽盆為止

7 最後使用刮板將麵團移至鋼盆中，下墊40℃的溫水，避免麵團乾燥地覆蓋保鮮膜進行發酵60分鐘

8 麵團將膨脹至1.5～2倍，呈鬆弛且柔軟的狀態。

9 以刮刀從底部翻起，排出麵團內的氣體，再次覆蓋上保鮮膜鬆弛60分鐘

10 裝入放有圓口擠花嘴的擠花袋中，將麵團擠入下包鋁箔紙、內側刷塗上奶油的圓模中，約1/3高

11 覆蓋上保鮮膜，在32℃濕度80%的環境下進行最後發酵40分鐘，麵團將膨脹至模型的3/4高

12 以溫度180℃烤約15~18分鐘
   待表面及底部烘烤出烤焙色澤時即可

13 將烤盤取出，脫模放涼

▰②▰ 羅勒檸檬凍

材料 @直徑6cm一片（方便製作的份量）

飲用水	200g	砂糖	105g
甜羅勒	2g	吉利丁	20g
檸檬汁	6g	飲用水	110g
白酒	130g	檸檬皮	1.5g

總重　574.5g

作法

1 飲用水、檸檬汁、白酒、砂糖一起煮滾

2 加入甜羅勒、還原的吉利丁塊拌勻

3 以保鮮膜覆蓋，浸泡20分鐘

4 之後過篩

5 下墊冰塊降溫

6 待冷卻再加入檸檬皮
　以留住最佳的檸檬皮香氣

7 將保鮮膜鋪在烤盤底部，上放方形框模

8 降溫至15℃時倒入，將會快速凝固
　吉利丁的凝結溫度？吉利丁的凝結溫度視吉利丁的比
　例，大約在10-12℃

▰③▰ 百香杏桃奶餡

材料 @15g（方便製作的份量）

飲用水	30g	砂糖	78g
百香果果泥	68g	吉利丁粉	1g
杏桃果泥	78g	水	8g
芒果果泥	70g	杏桃酒	5g
蛋黃	70g	奶油	70g

總重　478g

作法

1 蛋黃、砂糖拌勻

2 飲用水、百香果果泥、芒果果泥以平底深鍋加熱至
　65℃

3 一邊攪拌一邊沖入蛋黃、砂糖鍋，拌勻

4 再倒回平底深鍋，持續攪拌並煮至82℃

5 加入還原的吉利丁塊拌勻，過篩入鋼盆中

6 下墊冰塊，降溫至40℃
　為什麼要降溫至40℃？溫度太高會造成之後乳化奶
　油容易分離，40℃剛好在均質奶油後，溫度會在34-
　35℃比較穩定

7 加入奶油及杏桃酒，以均質機攪打至均勻滑順

8 放置一晚備用

━━④ 水果酒糖液

材料 @45g

水	300g	檸檬皮	1顆
砂糖	105g	柳橙皮	1顆
香草棒	1支	百香果果泥	60g
柳橙果汁	240g	香橙干邑酒	45g
		總重	750g

作法
1 混合所有材料（香橙干邑酒外）煮滾
2 加入香橙干邑酒混合備用

━━⑤ 紅烏龍茶巧克力慕斯

材料 @ 15g（方便製作的份量）

牛奶	156g	蛋黃	35g
紅烏龍茶	4g	牛奶巧克力	140g
砂糖	22g	打發鮮奶油	280g
		總重	637

作法
1 牛奶煮滾，泡入烏龍茶，蓋上保鮮膜靜置浸泡20分鐘
2 之後過篩
3 蛋、砂糖拌勻
4 將奶茶液沖入蛋黃鍋
5 再倒回平底深鍋，持續攪拌並煮至82℃
6 再沖入牛奶巧克力中拌勻
7 以均質機攪打至均勻滑順
8 待溫度降至34℃，加入打發鮮奶油

━━● 完成

材料

新鮮芒果切丁	300g	杏仁角	250g
新鮮羅勒	4g	砂糖	82g
糖烤杏仁粒	40g		

作法
1 烤好的薩瓦倫切去頂部與底部，取中段
2 浸泡入水果酒糖液中，按壓幫助吸收汁液
  薩瓦倫吸飽糖水，形成柔軟濕潤的質地
3 放在網架上稍微瀝去多餘水分
4 以竹籤刺入移至玻璃杯中
5 水果酒糖液分配倒至薩瓦倫上
6 倒入百香杏桃奶餡，每一杯約15g
7 輕敲玻璃杯讓百香杏桃奶餡均勻佈滿
8 將紅烏龍茶巧克力慕斯放入裝有圓口擠花嘴的擠花袋
  中，每一杯擠15g
9 輕敲玻璃杯平整表面後，放上新鮮芒果丁，略微高出
  於杯緣
10 將羅勒檸檬凍脫模，以直徑6cm的壓模裁切，鋪在芒
  果丁上

芒果鳳梨旅人蛋糕

Gâteau de voyage mangue et ananas

起源於十八世紀英國的旅人蛋糕Gâteaux de
voyage，因為其方便保存的特性，
適合旅行時攜帶而得名，
上層使用達克瓦茲的作法，
下層則用糖油拌合法的磅蛋糕，
讓口感層次得到不同的感受。

芒果小巴黎

Petits choux à la mangue

要說經典的法式甜點是哪一道？
泡芙絕對是首選，
也是大家接受度最高的甜點。
加入新的創意及想法，
讓泡芙有不同的生命力，
內餡的百香果奶餡，
外層酥脆的口感有著強烈的對比。

[芒果鳳梨旅人蛋糕的口味組合]

椰子麵糊
element ③
巧妙搭配芒果鳳梨風味的
椰子達克瓦茲，也是漂亮的裝飾

芒果鳳梨旅人蛋糕
———— element ①
充滿蜜漬芒果鳳梨丁的分蛋法
奶油蛋糕，口感濕潤充滿奶油香

蜜漬芒果鳳梨丁
element ②
帶來酸甜的風味與水果的咬感

份量／4條（每條245g）

━━① 芒果鳳梨旅人蛋糕

材料　@220g

奶油	155g	葡萄糖漿	20g
糖粉	140g	蛋白	100g
蛋黃	57g	砂糖	36g
杏仁粉	160g	法國粉	55g
蜜漬芒果鳳梨丁	200g	珍珠低筋麵粉	55g
橙酒	23g	總重	1001g

作法

1　在缽盆中放入奶油，以橡皮刮刀揉和後，用攪拌器攪打成乳霜狀
2　加入砂糖、鹽、粉杏仁粉
3　攪拌混合至材料均勻
4　分4~5次加入蛋黃混拌
5　加入酒混合均勻
6　待均勻後拌入蜜漬芒果鳳梨丁
7　蛋白與糖打發
8　打至前端微微下垂的蛋白霜
9　分次將蛋白霜拌入步驟6
10　以刮刀大動作的混合均勻
11　分次將過篩後的粉類拌入
12　以刮刀大動作的混合
13　完成具光澤的麵糊

■■② 蜜漬芒果鳳梨丁

材料（方便製作的份量）

新鮮鳳梨切丁	1000g	檸檬汁	100g
芒果泥	280g	檸檬皮	2g
二砂糖	165g	香草棒	0.2g
海藻糖	100g	總重	1647.2g

作法

1. 將鳳梨丁、芒果泥、二砂糖、海藻糖加入平底深鍋內煮滾
2. 續煮至收乾汁液稍微濃稠狀
3. 加入檸檬汁、皮煮至均勻
4. 舀一大匙以冰塊降溫確認凝結程度
5. 倒入鋼盆中下墊冰塊降溫

■■③ 椰子麵糊

材料 @50g（方便製作的份量）

杏仁粉	54g	糖粉	54g
糖粉	21g	蛋白	143g
珍珠低筋麵粉	9g	砂糖	43g
烤過的椰子絲打成粉	54g	乾燥蛋白	1g
		總重	379g

作法

1. 蛋白、乾燥蛋白加入砂糖打發
2. 拌入杏仁粉與過篩後的糖粉、低筋麵粉與椰子粉，以刮刀大動作的混合均勻
3. 裝入放有斜口擠花嘴的擠花袋中備用

■■● 組合

材料 @ 270g 長18cm 寬8.5cm 高6cm

糖粉 · · · · · · · · · · · · · · · · 適量

作法

1. 芒果鳳梨旅人蛋糕麵糊擠入長條模，每個220g
2. 上方再擠上椰子麵糊每個50g，再篩上糖粉
3. 放入180／180℃的烤箱烘烤35分鐘。當刺入的竹籤中沒有蘸上任何麵糊時，就是烘烤完成了。
4. 脫模，放在蛋糕冷卻架上放涼，待涼後再篩上糖粉

[芒果小巴黎的口味組合]

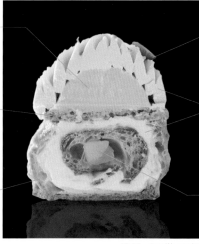

百香芒果奶餡

element ②

綿密濃稠的質地與濃郁口感，
帶來熱帶水果的風味

莎布列

element ③

營造出酥脆的對比口感，也是焦糖鮮奶
油香緹與百香芒果奶餡的底座

泡芙麵糊

element ①

口感與外觀的主要組成，爽口、
酥脆又輕盈的滋味

焦糖醬、榛果

element ⑤

增加風味與口感

焦糖鮮奶油香緹

element ⑥

巧妙地結合了果餡與泡芙，
輕盈化口的滋味

熱情果餡

element ④

芒果、百香果與鳳梨的酸甜，
隱藏在小泡芙中，為品嚐帶來驚喜

份量／可做40個

━━① 泡芙麵糊

材料 @大35g 小8g

牛奶	250g	低筋麵粉	275g
水	250g	砂糖	9g
鹽	9g	全蛋	500g
伊思尼奶油	225g	總重	1518g

作法

1 牛奶、水、鹽、奶油一起加熱混拌至奶油融化，加熱
至液體完全沸騰

2 熄火，加入低筋麵粉、砂糖加入低筋麵粉，避免結塊
地用攪拌器迅速混拌

3 用小火加熱，待麵糊全體加熱至鍋底產生薄膜狀
麵糊產生光澤，鍋底形成薄膜的程度，即可熄火

4 將麵糊全部移至攪拌缸的缽盆中，裝上槳狀攪拌棒

5 分次將全蛋液加入攪拌

6 持續攪拌至全體呈乳化狀態
舀起麵糊時，麵糊呈倒三角形的硬度即可

7 直徑1cm的圓形擠花嘴裝入擠花袋，將麵糊裝入

8 在鋪有烤盤紙的烤盤上擠出每個約35g的麵糊約40個

9 另外將麵糊擠入直徑2cm的半圓形矽膠模中約40個

10 抹平表面

11 分別進烤箱以溫度180／180℃烤35分鐘

▇▇② 百香芒果奶餡

材料　@7g+5g（方便製作的份量）

百香果果泥	100g	砂糖	60g
芒果果泥	70g	吉利丁粉	2g
香蕉泥	40g	飲用水	7.5g
蛋黃	85g	伊思尼奶油	120g
全蛋	95g	總重	579.5g

作法

1　香蕉泥、全蛋、蛋黃、砂糖拌勻

2　百香果果泥、芒果果泥、香蕉泥一起均質，以平底深鍋加熱至65℃

3　一邊攪拌一邊沖入蛋液、砂糖鍋，拌勻

4　再倒回平底深鍋，持續攪拌並煮至82℃

5　加入還原的吉利丁塊拌勻，過篩入鋼盆中

6　下墊冰塊，降溫至40℃

　　為什麼要降溫至40℃？溫度太高會造成之後乳化奶油容易分離，40℃剛好在均質奶油後，溫度會在34-35℃比較穩定

7　加入奶油以均質機攪打至均勻滑順

8　將7g的百香芒果奶餡擠入直徑4.5cm的半圓形矽膠模中，抹平表面冷凍一晚，其餘裝入擠花袋冷藏備用

▇▇③ 莎布列

材料　@5g

奶油	160g	二砂糖	100g
細砂糖	32g	杏仁粉	60g
鹽	4.4g	高筋麵粉	240g
		總重	596.4g

作法

1　將奶油攪打至軟膏狀，加入細砂糖、鹽、二砂糖打至均勻

2　取出壓成長方片狀冷藏備用

3　夾在二張矽膠墊之間擀成0.3cm厚

4　用直徑4.8cm的壓模切出圓片狀

5　以150℃烤10分鐘

▰▰◉④ 熱情果餡

材料 @7g

芒果果泥	125g	香草棒	1/2支
百香果果泥	42.5g	吉利丁粉	2g
鳳梨丁	125g	飲用水	10g
二砂糖	10g	總重	314.5g

作法

1 飲用水、鳳梨丁、二砂糖炒至聞到鳳梨丁香氣
2 收乾汁液稍微濃稠狀
3 加入香草棒、芒果果泥、百香果果泥，與還原的吉利丁塊煮至均勻
4 以糖度計測量為40°Bx
　也可舀一大匙以冰塊降溫確認凝結程度
5 倒入鋼盆中下墊冰塊降溫

▰▰◉⑤ 焦糖醬

材料

砂糖	191.4g	香草棒	0.3g
葡萄糖漿	66g	鮮奶油	396g
		總重	653.7g

作法

1 香草棒、鮮奶油煮滾備用
2 砂糖分次放入另一個平底深鍋中加熱
3 上一批融化後再倒入另一份砂糖
4 以刮刀持續攪拌避免底部燒焦
5 倒入葡萄糖漿
　可避免砂糖返砂結晶
6 待全體形成所需的焦糖色
7 將鮮奶油沖入焦糖中
　小心噴濺
8 再次煮滾後過濾至下墊冰塊的鋼盆中降溫

▰▰◉⑥ 焦糖鮮奶油香緹

材料 @60g

鮮奶油	1620g	焦糖醬	648g
三溫糖	144g	總重	2412g

作法

1 鮮奶油加入三溫糖打發
2 打發至鮮奶油表面可留下清楚的攪拌痕跡
3 再與焦糖醬混合均勻

■■● 完成

材料（每個）

烤香的榛果 ········· 60顆　　金箔 ················ 少許
焦糖醬 ············· 適量

作法

1 冷卻的大泡芙橫切下上方1/3
2 小泡芙底部以小刀切出開口
3 將熱情果餡裝入無花嘴的擠花袋中剪出小孔，擠入小泡芙中，每個7g
4 蓋回底蓋
5 將焦糖鮮奶油香緹裝入無花嘴的擠花袋中剪出小孔，擠入大泡芙每個25g
6 把小泡芙塞進大泡芙中
7 以焦糖鮮奶油香緹填滿空隙
8 蓋上莎布列餅乾
9 將半圓形的百香芒果奶餡脫模，平坦處朝下放在莎布列餅乾上
10 焦糖鮮奶油香緹裝入放有斜口擠花嘴的擠花袋中，擠出陀飛輪花形，每個約35g
11 再擠上焦糖醬增加風味
12 以榛果與金箔裝飾

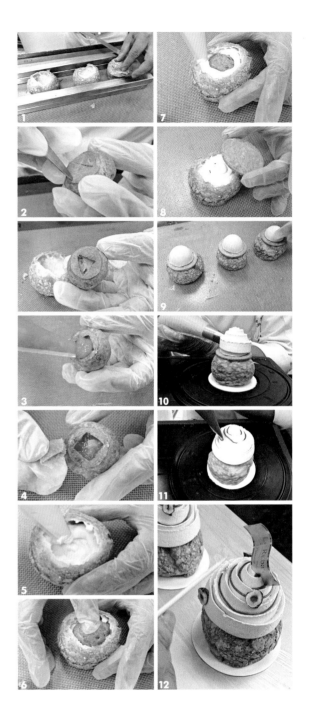

| 焦糖製作的重點 |

糖類不加水單獨加熱至140℃，就會開始漸漸出現顏色。160℃以上會引起焦糖化反應而製作出焦糖色和散發出焦糖特有的香味。當顏色變成金黃色，在熬煮成自己想要的色澤前，就必須熄火停止加熱，這時若還持續加熱，最後就會燒成焦黑。砂糖分次放入平底深鍋中加熱，上一批融化後再倒入另一份砂糖，如果殘留下未溶化的細砂糖，很容易會成為核心而造成再結晶的狀況。

百香芒果
vs
椰子雪酪

Sorbet coco mangue passion

夏季最清涼組合，
百香果的酸甜、芒果的香郁、
椰子的清冽，
形成圓的一角各自品味，
一樣擁有自己的美好，
碰在一起時又能在味蕾激盪出不同火花。

份量／1000ml

材料

百香芒果雪酪

A	砂糖	120g
	安定劑	5g
	麥芽糊精（maltdextrin）	15g
	葡萄糖粉	30g
B	飲用水	215g
C	百香果泥	185g
	新鮮芒果打成泥	430g
	總重	**1000g**

份量／1050ml

材料

椰子雪酪

A	砂糖	116g	B 牛奶	463g
	葡萄糖粉	33g	C 鮮奶油	132g
	脫脂奶粉	20g	椰子果泥	286g
	冰淇淋安定劑	1.5g	**總重**	**1051.5g**

作法

1 各別製作百香芒果雪酪與椰子雪酪，材料A一起拌勻，加入材料B一起煮滾後關火

2 離火後加入材料C混合均勻

3 以均質機打至完全混合

4 下墊冰塊降溫至15℃
　降溫的原因？持續高溫會影響風味

5 放入冷藏一晚

6 隔天放入冰淇淋機，攪拌到-7~-8℃

7 將2種雪酪分別放入保存容器內，可單一也可混合享用

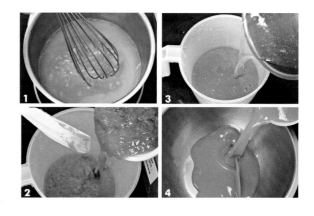

| 麥芽糊精的作用？ |

麥芽糊精（maltdextrin）可增加雪酪的固形物，讓雪酪比較不會溶解

方形檸檬旅人蛋糕

Gâteau de voyage citron

這是一款為了女生設計的甜點，刻意縮小尺寸，
呈現精緻可愛的形狀，
在一個人的下午也可以很輕鬆地品嚐。

⚊① 檸檬旅人蛋糕

材料 @120g 5×5cm方型模

65%杏仁膏	247g	蛋黃	222g
奶油	556g	葡萄糖漿	56g
砂糖	257g	低筋麵粉	289g
海藻糖	64g	高筋麵粉	81g
檸檬皮	16g	泡打粉	3.7g
杏仁粉	93g	梅園檸檬條	219g
全蛋	297g		

總重 2400.7g

作法

1 將杏仁膏微波加熱至45℃軟化
  軟化目的？軟化杏仁膏比較方便混合

2 將蛋黃分多次加入

3 檸檬皮、砂糖、海藻糖混合均勻

4 分多次加入

5 奶油均勻攪拌成軟膏狀

6 取1/3奶油加入杏仁膏的攪拌缸中拌勻

7 再將剩餘的2/3膏狀奶油拌入

8 加入杏仁粉、葡萄糖漿拌勻

9 倒入隔水加熱至28℃的全蛋液
  避免麵糊溫度下降而產生分離狀態，影響組織與口感

10 混入過篩後的粉類

11 最後拌入切丁的檸檬條

12 以無擠花嘴的擠花袋，將麵糊擠入5×5cm鋪有烘
  焙紙的方型模，每一個重量120g

13 以塑膠片平整表面，中央稍微低一些

14 以180／180℃烤30分鐘，以探針刺入不沾黏麵糊，
  即可出爐

方形檸檬旅人蛋糕的口味組合

酒糖水
element ②
賦予奶油蛋糕水分，
與清爽的檸檬香氣

檸檬旅人蛋糕
element ①
使用杏仁膏的奶油蛋糕更加濕
潤，充滿檸檬的芬芳香氣

檸檬糖霜
element ③
增添蛋糕的甜味、香氣、
嚼感更能保濕

檸檬丁
element ●
以地中海檸檬糖漬而成，
濃郁的檸檬風味

份量／ 20 個

② 酒糖水

材料 @ 15g

波美30° 糖水……… 150g　　檸檬皮 …………… 1g
飲用水 …………… 112g　　**總重　263g**

作法
1　混合材料備用

③ 檸檬糖霜

材料 @ 20g

糖粉 …………… 330g　　新鮮檸檬汁 ………… 85g
　　　　　　　　　　　　總重 415g

作法
1　混合所有材料備用

● 完成

作法
1　出爐後趁熱刷上酒糖水
2　脫模，所有表面都刷上酒糖水
3　待完全降溫後，淋上檸檬糖霜
4　以抹刀將糖霜抹均勻，放上檸檬皮絲（份量外）裝飾

香檸

Citron

2年前在巴黎吃到一款檸檬慕斯後就念念不忘，
強烈的酸味、香氣，讓人口齒生津，一口接著一口，
在炎熱的夏天是很好的選擇。
3種不同的檸檬交織出不同的口感風味：
義大利西西里檸檬帶有花香的檸檬，
作為檸檬慕斯的主要結構，酸味香氣明顯；
自己蜜漬的黃檸檬醬做成清爽的果凍，
平衡了酸與甜；台灣九如檸檬製作成酸味突出的凝乳，
作為最後留在口中的餘韻。

檸檬慕斯

element ⑤

連結所有素材的主體，
酸甜的檸檬滋味，入口即化

糖煮檸檬凍

element ①

充滿清爽的檸檬香氣、風味，
在夾層中帶來軟滑的口感

檸檬餡

element ②

帶著乳霜狀絲滑口感，另一種
兼具黃、綠2種檸檬滋味的內餡

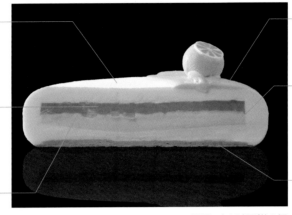

黃色鏡面

element ⑥

對比的外觀，傳達新鮮檸檬的顏色

杏仁蛋糕

element ③

以杏仁粉爲主的分蛋蛋糕體，
除了增加不同口感，
也能平衡檸檬的酸味

酥底

element ④

香檸的基底層，支撐所有素材也
帶來口感上的層次

份量／6吋蛋糕3個

▬① 糖煮檸檬凍

材料 @120g 直徑15cm包覆底部的蛋糕框

糖漬檸檬	100g	海藻糖	37g
水	246g	蜂蜜	10g
檸檬汁	100g	吉利丁粉	7.4g
檸檬皮	2.5g	飲用水	37g
砂糖	123g	**總重**	662.9g

作法

1 水、檸檬汁、檸檬皮、砂糖、海藻糖一起煮滾

2 過篩

3 趁熱加入蜂蜜、還原的吉利丁塊拌至均勻

4 下墊冰塊降溫

5 降溫至15℃後，倒入直徑15cm以耐熱保鮮膜包覆底
　部的蛋糕框中凝固，每個120g

▬② 檸檬餡

材料 @120g

蛋白	103g	砂糖A	52g
蛋黃	68g	砂糖B	52g
黃檸檬皮	8.3g	吉利丁塊	10.2g
綠檸檬汁	58g		
黃檸檬汁	58g	奶油	200g

總重　609.5g

作法

1 蛋白、蛋黃、砂糖B拌勻
2 黃檸檬汁、綠檸檬汁、檸檬皮、砂糖A以平底深鍋加熱煮滾
3 一邊攪拌一邊沖入 **1**，拌勻
4 再倒回平底深鍋，持續攪拌並煮至82℃
5 加入還原的吉利丁塊
6 過濾至下墊冰塊的鋼盆中，降溫至40℃

   為什麼要降溫至40℃？持續高溫會影響風味
7 加入奶油，以均質機攪打至均勻滑順
8 倒在凝固的糖煮檸檬凍上，每個120g，冷凍至凝固

▬③ 杏仁蛋糕

材料　60×40cm 1盤

全蛋	217g	蛋白	163g
砂糖	150g	砂糖	87g
杏仁粉	117g		
低筋麵粉	46g	奶油	33g

總重　813g

作法

1 全蛋、砂糖隔水加熱至32℃

   為什麼要加熱至32℃？加快全蛋打發，隔水加熱減少雞蛋的表面張力，較容易打發
2 確實攪打至整體顏色發白，呈濃稠狀為止
3 蛋白、砂糖以攪拌器輕輕攪散蛋白，打發成8分發的蛋白霜
4 將打發的蛋白霜分次加入全蛋鍋中
5 均勻地分次撒放粉類，以橡皮刮刀大動作混拌
6 最後拌入融化的奶油至均勻
7 將麵糊倒入鋪有烤盤紙60×40cm的烤盤中，以190／150℃烤8-10分鐘
8 待表面及底部烘烤出烤焙色澤，取出，脫模翻面後放涼
9 以14cm的蛋糕模裁切成3個圓片，備用

▅▅④ 酥底

材料 @120g

奶油	100g	杏仁粉	100g
二砂糖	100g	白巧克力	40g
低筋麵粉	100g	可可脂	20g
		總重	460g

作法

1 奶油切丁，拌入二砂糖
2 低筋麵粉、杏仁粉成團
3 用粗篩網將麵團過篩一次，放入冷凍1小時
4 取出剝散，以溫度150／150℃烤20分鐘
5 冷卻後拌入白巧克力、可可脂
6 夾在2張烤盤紙中間，擀平成0.15mm厚度
7 以直徑17.5cm的蛋糕模裁切成3個圓片，備用

▅▅⑤ 檸檬慕斯

材料 @250g

西西里檸檬果汁	146g	蛋白	70g
綠檸檬汁	146g	砂糖	78g
黃檸檬皮	3g		
吉利丁塊	63g	打發鮮奶油	328g
白巧克力	120g	總重	954g

作法

1 2種檸檬汁、檸檬皮一起加入煮滾
2 加入還原的吉利丁塊，拌至均勻，再過篩
3 沖入白巧克力，以均質機打至乳化
4 倒入下墊冰塊的鋼盆中，降溫至20℃
5 蛋白加入砂糖，隔水加熱至55℃
  融化砂糖比較容易打發
6 再打發成蛋白霜
7 將**4**拌入打發蛋白霜
8 再拌入打發鮮奶油

■■● 組合

作法 （每個）

1 將檸檬慕斯舀入直徑17.5cm的圓弧模中，填至4分滿
2 以湯匙將慕斯抹入四周圓弧處
　　可避免慕斯產生空隙
3 放入脫模的檸檬餡與糖煮檸檬凍，糖煮檸檬凍朝下
4 稍微施壓，將檸檬餡與糖煮檸檬凍壓入慕斯中
5 再填入慕斯至留下2mm高度
6 放入一片杏仁蛋糕，冷凍至固定

■■⑥ 黃色鏡面

材料 @100g（方便製作的份量）

水	66g	煉乳	82g
砂糖	132g	可可脂	60g
吉利丁塊	53g	水性黃色色素	0.05g
葡萄糖漿	132g	水性紅色色素	0.05g

總重 525.1g

作法

1 水、砂糖煮滾，加入葡萄糖漿
2 依序加入煉乳、還原的吉利丁塊，拌均勻
3 加入可可脂拌勻後過篩，以均質機攪拌至滑順
4 調出想要的顏色

■■● 裝飾

作法

1 將冷凍的蛋糕脫模擺在置於烤盤的網架上
2 將黃色鏡面加熱至24℃，接著小心地淋在蛋糕上
　　以噴槍調整鏡面的均勻與厚薄度
3 移至酥底上，可依個人的喜好裝飾，此處是放上縮小版
　　的香檸
4 放上糖漬檸檬皮、金箔

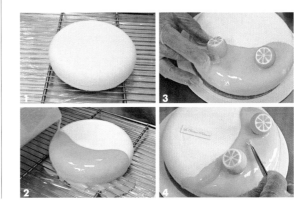

| 添加蛋白霜的全蛋打發杏仁蛋糕 |

全蛋打法發的海綿蛋糕，砂糖份量是全蛋的40~100%，
砂糖量越少，氣泡會比較大、蛋糕體的組織較粗，口感
較輕盈；反之若砂糖份量越多，會抑制氣泡的膨脹，形
成細緻且小的氣泡，口感滑順緊實。這個配方的砂糖量
為全蛋的69%，為了增加蛋糕細緻蓬鬆的口感，而加入
另外打發的蛋白霜，以製作出膨脹鬆軟的組織。

檸檬生乳酪布雪

Bouchées au fromage & citron

外表類似日式銅鑼燒的模樣，
口感卻輕柔化口的像一朵雲，
檸檬的酸甜，
讓整體風味的平衡更加完整。

檸檬酥餅

Sablés au citron

把新鮮的風味放進餅乾裡吧！
這一款餅乾在製作前，首先要完成檸檬
果醬，把果醬刷在酥鬆的餅乾上面，
讓餅乾也可以品嚐到新鮮的風味。

[檸檬生乳酪布雪的口味組合]

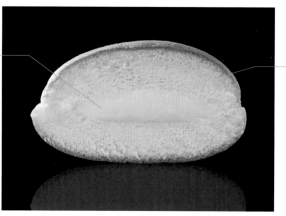

檸檬餡

element ②

風味的主角，檸檬的酸甜風味與
柔滑感

布雪

element ①

馬斯卡邦起士風味的乳沫類
麵糊，蓬鬆柔軟的質地，
與內餡形成絕佳的搭配

份量／18個

━━① 布雪

材料 @25g

牛奶	240g	全蛋	56g
奶油	37.5g	蛋黃	56g
麥芽	25g	黃檸檬皮	2g
低筋麵粉	49g	蛋白	182g
玉米粉	21g	乾燥蛋白粉	12.6g
馬斯卡邦起士	63g	砂糖	168g

總重　912.1g

作法

1 牛奶、奶油、麥芽一起煮滾
2 拌入過篩的低筋麵粉、玉米粉
3 拌入馬斯卡邦起士至均勻
4 分次拌入全蛋、蛋黃液
　每次蛋液完全吸收了再加入另一批蛋液，可避免油水
　分離做出細緻的口感
5 將麵糊過濾
6 蛋白、乾燥蛋白、黃檸檬皮，加入20%砂糖一起打發
7 分次加入剩餘砂糖打發成蛋白霜
8 蛋白霜拌入麵糊中
9 裝入放有圓口擠花嘴的擠花袋中，擠在鋪有烤盤紙的
　烤盤上，每一個25g
10 兩層烤盤中間夾入抹布加水
11 220／0℃夾爐門拉汽門，火力80烤12分鐘至上色
12 降溫至190/0℃火力60烤8分鐘，再掉頭續烤10分鐘
13 出爐在網架上放涼

■② 檸檬餡

材料 @25g

檸檬汁	82g	奶油B	68g
砂糖	113g	檸檬醬	10.2g
檸檬皮	1.4g	打發鮮奶油	102g
全蛋	82g	總重	527.6g
奶油A	41g		
吉利丁塊	28g		

作法

1 檸檬汁、砂糖、檸檬皮、全蛋、奶油一起以平底深鍋
　加熱煮至85℃
2 加入還原的吉利丁塊拌至均勻
3 過濾至下墊冰塊的鋼盆中,降溫至28℃
4 加入奶油,以均質機攪打至均勻滑順
5 最後拌入打發鮮奶油

■● 組合

作法

1 將冷卻的布雪剝離烤盤紙,平坦面朝上
2 檸檬餡裝入放有圓口擠花嘴的擠花袋中,擠在一半的
　布雪上,每個約25g
3 以另一半布雪夾起

｜ 湯種法的布雪 ｜

湯種法是將麵粉倒入滾水(包括油、或牛奶等液
體)中,瞬間達到60℃糊化溫度,以此達到二個
功用:1.讓麵粉中的麵筋燙熟、糊化,即使攪拌
也不再產生具硬度的筋性。2.藉著麵粉糊化後更
易吸收水份,麵糊也因此提高含水量,烤出的布
雪蛋糕體更加綿密、柔軟,組織細緻。

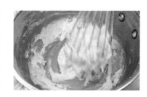

檸檬酥餅

[檸檬酥餅的口味組合]

檸檬醬

element ③

檸檬口味的主角，
豐富具層次的酸香

餅乾麵團

element ①

酥脆爽口，尾韻帶著奶油香氣

檸檬糖霜

element ②

加深檸檬的香氣與風味，
也能固定檸檬醬

份量／15片

---

① 餅乾麵團

材料　直徑4cm橢圓形壓模

奶油	130g	杏仁粉	31.2g
糖粉	58.5g	高筋麵粉	100g
全蛋	28.6g	低筋麵粉	100g
綠檸檬皮	1g	泡打粉	1.3g

總重　450.6g

作法

1 奶油、糖粉拌勻至滑順狀
2 加入檸檬皮、杏仁粉
3 分次加入全蛋液，每次都以攪拌器均勻拌入後再加下一次
4 拌入過篩後的粉類至成團
5 以鐵齒固定高度，上下以矽膠墊夾起，擀平至0.4cm厚
6 以橢圓形壓模裁切，排入撲有烤盤紙的烤盤上
7 旋風烤箱150℃烤12分鐘

▬▬② 檸檬糖霜

材料（方便製作的份量）

糖粉 …………… 250g　　檸檬汁 …………… 50g

　　　　　　　　　　　　　　總重　300g

作法

1 混合所有材料備用

▬▬③ 檸檬醬

材料（方便製作的份量）

新鮮綠檸檬 ……… 105g　　砂糖 …………… 80g

葡萄糖漿 ………… 26g　　中性果膠 ……… 100g

蜂蜜 ……………… 5g　　蜜漬檸檬丁 …… 26g

　　　　　　　　　　　　　　總重　342g

作法

1 將新鮮綠檸檬取出果肉

2 加入葡萄糖漿、砂糖煮滾

3 再加入蜂蜜、果膠再次煮滾

4 以均質機攪拌至滑順

5 下墊冰塊降溫備用

▬▬● 完成

作法

1 將檸檬醬塗抹在烤好的餅乾上

2 以旋風烤箱150℃續烤1分鐘

3 上面再刷檸檬糖霜

4 以旋風烤箱140℃烤3-4分鐘

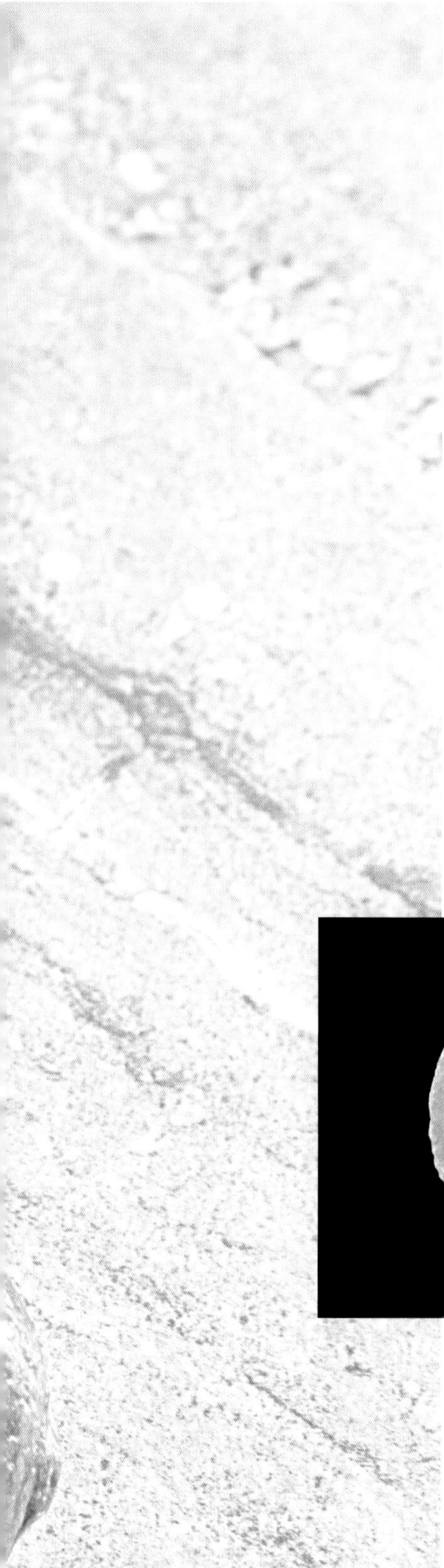

檸檬漾

Petits gâteaux au citron

果漾系列的日式燒菓子，以酸味明顯的水果作為主題，
讓這樣的蛋糕在夏日也能受到大家的歡迎。
屏東大武山產地直送產銷履歷雞蛋、檸檬香氣與酸味，
還有至今堅持手削檸檬皮，
剛剛好的濕潤口感、香氣、酸度。

［ 檸檬漾的口味組合 ］

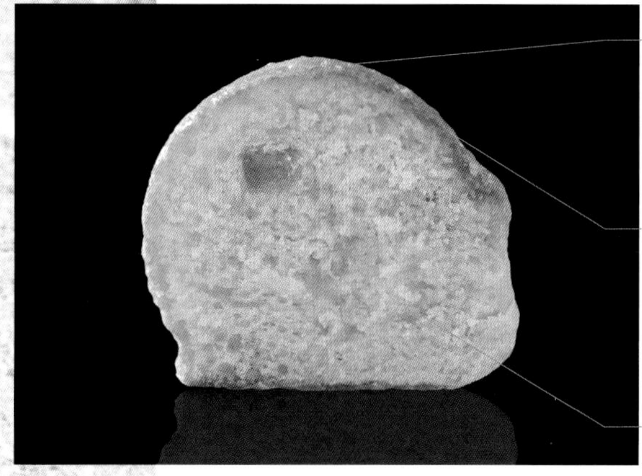

檸檬糖霜

— element ③

加深檸檬的香氣與風味，
並且為蛋糕體保濕

酒糖水

— element ②

為蛋糕體帶來濕潤感與檸檬、
橙酒的芬芳

檸檬蛋糕

— element ①

全蛋打發的蛋糕體，添加了檸檬醬、
檸檬條與檸檬皮，多層次的檸檬風味

份量／25 個

━①檸檬蛋糕

材料 @35g 7×4cm檸檬模

奶油	86g	太白胡麻油	75g
砂糖	191g	檸檬汁	14g
海藻糖	71g	檸檬醬	10.7g
檸檬皮	10.6g	高筋麵粉	86g
鹽	0.14g	低筋麵粉	146g
全蛋	207g	泡打粉	7g
動物鮮奶油	36g	糖漬檸檬條	5g
		總重	**940.44g**

作法

1 砂糖、檸檬皮、鹽用調理機打勻，分次加入全蛋中
2 隔水加熱至36℃
3 分次加入加熱至50-55℃的鮮奶油、太白胡麻油、奶油
4 分次加入檸檬汁
5 拌入過篩後的粉類
6 形成具光澤的麵糊
7 裝入放有圓口擠花嘴的擠花袋中，擠入抹油撒粉後的檸檬模
8 每個約35g
9 放入糖漬檸檬條
10 以旋風烤箱160℃烤20分鐘
11 取出後脫模，趁熱刷上酒糖水

━②酒糖水

材料 @15g

波美30°糖水	250g	橙酒	36g
檸檬汁	90g	**總重**	**376g**

作法

1 混合所有材料備用

━③檸檬糖霜

材料 @15g

糖粉	300g	檸檬醬	3.6g
檸檬汁	84g	**總重**	**387.6g**

作法

1 混合所有材料備用

━●裝飾

作法

1 檸檬糖霜保持在40℃，淋在冷卻的蛋糕上，每個約15g
2 以160／150℃拉汽門烤3-4分鐘

檸檬雪酪

~ *Sorbet au citron* ~

用二款不同的檸檬來製作雪酪，
讓酸度香氣得到完美的平衡，
加入些許香料，
讓整體的風味更具層次感。

份量／995ml

■● 檸檬雪酪

材料

綠檸檬汁	204.5g	水	475g
西西里檸檬果汁	52g	黃檸檬皮	6g
砂糖	90g	羅勒	1.5g
海藻糖	90g	薄荷	2.5g
葡萄糖粉	67.5g	迷迭香	1g
冰淇淋安定劑	5g	**總重**	**995g**

作法

1 砂糖、海藻糖、葡萄糖粉、安定劑一起拌勻
2 加入飲用水一起煮滾
3 加入檸檬汁、檸檬果泥
4 加入羅勒、薄荷、迷迭香，以保鮮膜覆蓋靜置浸泡20分鐘
5 過篩後下墊冰塊，降溫至20℃，放入冷藏一晚
6 隔日放入冰淇淋機器內，製成雪酪

蜜桃天鵝

Entremets à la pêche

我非常喜歡這一款味道的組合，
把水蜜桃的香味、紅茶的茶香、莓果的酸甜，
搭配得天衣無縫，
成為可以讓人一口接著一口的甜點，
依然是我心中的想法。

［ 蜜桃天鵝的口味組合 ］

大黃根蜜桃凍

element **1**

酸香的大黃為白蜜桃提味，切成
丁狀的果肉更帶來口感的驚喜

阿薩姆紅茶奶餡

element **2**

阿薩姆紅茶為白蜜桃是絕配，
增添更豐富的味覺層次

海綿蛋糕體

element **3**

蓬鬆濕潤的口感，連結紅茶奶
餡、蜜桃凍與白蜜桃，將所有滋
味融為一體

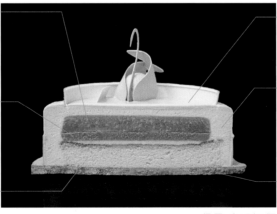

份量／6吋4個

粉紅色鏡面

element **6**

帶來光澤與柔和的顏色

白蜜桃慕斯

element **4**

添加少許的草莓與水蜜桃酒
讓白蜜桃的風味更具深度與變化

莓果脆底

element **5**

整個蛋糕的底座，支撐蛋糕並
帶來酥脆的口感與莓果風味

■■① 大黃根蜜桃凍

材料 @120g 直徑12.5cm矽膠模

大黃根切丁	54g	水蜜桃酒	3g
檸檬汁	7g	吉利丁粉	8g
白蜜桃果泥	172g	飲用水	40g
草莓果泥	18g	麥芽糊精	12g
砂糖	62g	新鮮水蜜桃切丁	180g

總重 556g

作法

1 大黃根切丁先炒過稍微炒乾水分

2 加入砂糖、檸檬汁、白蜜桃果泥、草莓果泥、砂糖

3 放入水蜜桃丁、NH果膠、還原的吉利丁塊、麥芽糊精煮至沸騰

4 倒入下墊冰塊的鋼盆中降溫至20℃

5 倒入直徑12.5cm的矽膠模中每個120g，冷凍凝固用湯匙將水蜜桃丁分布均勻

■■② 阿薩姆紅茶奶餡

材料 @120g 直徑12.5cm矽膠模

牛奶	196g	砂糖	72g
阿薩姆紅茶	16g	葡萄糖漿	26g
鮮奶油	156g	吉利丁粉	5.2g
全蛋	72g	40%杜斯牛奶巧克力	65g
蛋黃	22g		

總重 630.2g

作法

1 牛奶、鮮奶油以平底深鍋加熱至80℃，加入阿薩姆紅茶

2 加蓋浸泡15分鐘，按壓過濾

3 如果茶液不足196g，以牛奶回補，沖入混和好的全蛋、蛋黃、砂糖、葡萄糖漿中

4 加入還原的吉利丁塊攪拌均勻

5 倒回平底深鍋中煮至82℃，過濾

6 沖入杜斯牛奶巧克力中

7 以均質機攪拌均勻

8 倒入下墊冰塊的鋼盆中降溫至30℃

9 再倒入凝結好的大黃根蜜桃凍上每個120g，冷凍至固定備用

■■③ 海綿蛋糕體

材料 @150g

60% 杏仁膏	407g	低筋麵粉	32.5g
全蛋	285g		
鹽	2g	融化奶油	45g
黃檸檬皮	2.5g	紅花籽油	95g
玉米粉	32.5g	總重	901.5g

作法

1　將杏仁膏、黃檸檬皮、鹽放入鋼盆中攪拌至軟化
　軟化目的？杏仁膏比較攪拌軟一點比較容易與其他食材
　混合
2　將全蛋液分多次加入後高速打發
3　拌入過篩後的粉類，混合均勻
4　奶油、紅花籽油融化至50℃，保持在50℃的溫度下，
　取部分麵糊先和油類混拌，再倒回拌勻
　避免麵糊溫度下降而產生分離狀態，影響組織與口感
5　將麵糊倒入直徑6吋的蛋糕框中，每個150g
6　平整表面，以170 ／ 160℃烤16-18分鐘，以探針刺
　入不沾黏麵糊，即可出爐脫模放涼

■■④ 白蜜桃慕斯

材料 @250g

白蜜桃果泥	330g	飲用水	75g
草莓果泥	30g	義大利蛋白霜 (P.147)	
砂糖	75g		240g
蛋黃	56g	打發鮮奶油	320g
吉利丁粉	15g	水蜜桃酒	44g
		總重	1185g

作法

1　砂糖、蛋黃攪拌均勻
2　白蜜桃果泥、草莓果泥以平底深鍋加熱至60℃
3　沖入砂糖、蛋黃鍋中拌勻
4　再倒回平底深鍋煮至82℃
5　加入還原的吉利丁塊製
6　過濾倒入下墊冰塊的鋼盆中降溫至40℃
　此時可依喜好添加紅色色素，讓慕斯呈現粉紅色
7　拌入水蜜桃酒
8　再拌入義大利蛋白霜及打發鮮奶油

▰▰⑤ 莓果脆底

材料 @120g

白巧克力	285g	脆片	174g
草莓粉	25g	原味莎布列碎	174g
融化奶油	25g	**總重**	**683g**

作法

1 白巧克力以不超過43°C融化
2 拌入草莓粉形成漂亮的粉紅色
3 拌入脆片、原味莎布列碎及融化奶油
4 以二個厚0.6mm鐵條固定高度,以烘焙紙上下夾起
5 擀平至0.6cm的薄片
6 以直徑7吋的蛋糕框裁切成4個圓片狀備用

▰▰⑥ 粉紅色鏡面

材料 @150g

法芙娜鏡面果膠	600g	飲用水	60g
粉紅色色粉	0.3g	**總重**	**660.3g**

作法

1 混合材料,調出想要的顏色
2 以均質機攪拌至滑順

▰▰● 組合

作法(每個)

1 將白蜜桃慕斯舀入烤好冷卻的蛋糕上,套上6吋×高5cm的蛋糕框
2 以湯匙以湯匙將慕斯抹入四周圓弧處
   可避免慕斯產生空隙
3 將冷凍好的阿薩姆紅茶奶餡和大黃根蜜桃凍脫模
4 大黃根蜜桃凍朝上稍微按壓陷入白蜜桃慕斯中
5 在加入白蜜桃慕斯與模型等高,以抹刀平整表面,冷凍至固定

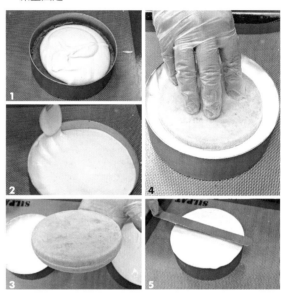

▰▰● 裝飾

作法

1 將冷凍的蛋糕脫模擺在置於烤盤的網架上
2 將粉紅色鏡面加熱至24°C,接著小心地淋在蛋糕上
3 小心的將滴去多餘鏡面的蛋糕移至莓果脆底中央
4 可依個人的喜好以巧克力片裝飾
5 冷藏至解凍後即可享用

果然蜜桃

Entremets à la pêche et ganache

我第一次接觸到包種茶就喜歡上它了，
喝下第一口的花香味，讓人感覺到舒服愉悅，
靈機一動把水蜜桃與包種茶結合在一起，
水蜜桃的甜美與茶的香氣結合後，
激盪出更細緻的火花。

水蜜桃

⟡ MOMO ⟡

在日本旅遊時，甜點店是一定要安排的行程，
7-8月是日本水蜜桃盛產的季節，
每一家甜點店都會有屬於自己個性的MOMO，
保留水果的原味，加上甜點師的巧思，
各種不同的水蜜桃甜點綻放不同的享受。

白酒蜜桃凍

element **1**

加入了小塊水蜜桃與果泥的白酒蜜桃凍，每一口都是滿滿的水蜜桃風味

莎布列

element **4**

分布在包種茶香蜜桃慕斯中，帶來酥脆的口感變化

包種茶巧克力甘納許

element **2**

32%的Dulcey巧克力製成的甘納許，絲滑的口感與奶油烘焙香氣，呈現獨特的風味

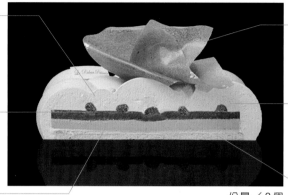

份量／2個

蜜桃糖片

element **6**

爲外觀帶來華麗感的裝飾，水蜜桃滋味的薄片

包種茶香蜜桃慕斯

element **3**

包種茶的清雅花相襯托蜜桃慕斯的果香，清爽宜人的香氣讓人上癮

優雅蛋糕體

element **5**

濕潤的分蛋海綿蛋糕體，充滿堅果香氣，也提供慕斯蛋糕底部的支撐

▅▅① 白酒蜜桃凍

材料 30×40cm方框模

白酒	146g	海藻糖	55g
飲用水	146g	吉利丁粉	14g
水蜜桃果泥	220g	飲用水	84g
檸檬皮	2g	新鮮水蜜桃切丁	219g
砂糖	146g	（保留水蜜桃果皮）	

總重 1032g

作法

1 白酒、水、砂糖、海藻糖，加入水蜜桃果皮一起煮滾
   水蜜桃果皮內含有豐富的水蜜桃香氣，加入一起煮能充分釋放至液體中

2 加入檸檬皮、還原的吉利丁塊

3 過濾至下墊冰塊的鋼盆中

4 加入切丁水蜜桃、水蜜桃果泥

5 降溫至20℃

6 倒入下方以保鮮膜覆蓋，30×40cm的方框模中凝結

◎② 包種茶巧克力甘納許

材料 30×40cm方框模

鮮奶油	120g	砂糖	9g
飲用水	45g	杜絲巧克力	158g
包種茶葉	12g	奶油	23g
蛋黃	41g	**總重**	408g

作法

1 飲用水倒入平底深鍋，加入包種茶粉混合
2 鮮奶油倒入煮滾，靜置浸泡20分鐘
3 蛋黃、砂糖混合攪拌
4 將包種茶鮮奶油以細紗布過篩，沖入蛋黃、砂糖鍋拌勻
5 再倒回平底深鍋，煮至82℃
6 過濾後沖入巧克力
7 以均質機攪拌至乳化，降溫至40℃後再加入奶油
8 繼續以均質機攪拌至均勻乳化備用
9 將包種茶巧克力甘納許倒入冷凍固定的白酒蜜桃凍上方，冷凍
10 中途稍微凝結時取出，切成15×15cm，冷凍備用

◎③ 包種茶香蜜桃慕斯

材料 @650g

牛奶	308g	**安格拉斯奶醬**	
包種茶粉	25g	吉利丁塊	62g
蛋黃	120g	白巧克力	224g
砂糖	35g	可可脂	42g
		打發鮮奶油	490g
		總重	1306g

作法

1 牛奶加入包種茶，以平底深鍋煮至90℃，放置浸泡20分鐘備用
2 蛋黃、砂糖混合攪拌
3 把茶葉以細紗布過篩，將奶茶再煮滾
4 沖入蛋黃、砂糖鍋中拌勻
5 再倒回平底深鍋煮至82℃，加入還原的吉利丁塊拌勻
6 過濾後倒入白巧克力、可可脂，以均質機攪拌至乳化
7 下墊冰塊降溫至20℃，再拌入打發鮮奶油

━④ 莎布列

材料 @60g

奶油	100g	楓糖漿	35g
紅糖粉	50g	牛奶巧克力	200g
杏仁粉	100g	可可脂	100g
低筋麵粉	100g	**總重**	**385g**

作法

1 奶油、紅糖粉、楓糖漿一起放入攪拌缸
2 以槳狀攪拌棒攪打至均勻的乳霜狀
3 加入杏仁粉拌勻
4 再加入過篩的低筋麵粉拌至均勻成團
5 麵團壓過粗篩網,形成粗粒狀後冷凍
6 取出不解凍,以150 ／ 150℃烤20分鐘
7 取出放涼敲碎
8 拌入融化的牛奶巧克力、可可脂
9 在矽膠墊上攤平,待凝固後切成小塊備用

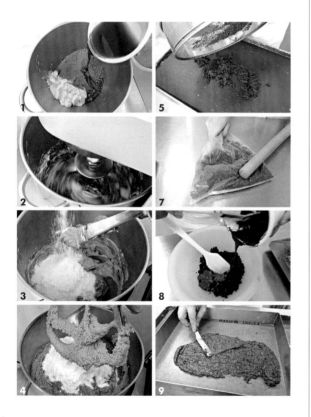

━⑤ 優雅蛋糕體

材料 @1180g 60×40cm 烤盤一個

杏仁膏	29g	低筋麵粉	89g
杏仁粉	110g	蛋白	204g
糖粉	55g	細砂糖	105g
全蛋	92g	蛋白粉	4g
蛋黃	58g	奶油	35g
		總重	**781g**

作法

1 將杏仁膏、杏仁粉、糖粉放入鋼盆中攪拌至軟化
  杏仁膏比較攪拌軟一點比較容易與其他食材混合
2 將全蛋與蛋黃液分多次加入後高速打發
3 拌入過篩後的粉類,混合均勻
4 奶油融化至50℃,保持在50℃的溫度下,取部分麵糊
  先和奶油混拌,再倒回拌勻
  避免麵糊溫度下降而產生分離狀態,影響組織與口感
5 蛋白加入蛋白粉攪拌均勻後打發,分3次加入細砂糖,
  打發成蛋白霜
6 將蛋白霜分次混入麵糊中,拌至均勻
7 在60×40公分烤盤上舖放烤盤紙,每一盤加入重量
  1180g的麵糊
8 以180 ／ 150℃烤約 12-13分鐘,待表面及底部烘烤
  出烤焙色澤時即可
9 將烤盤取出,脫模翻面後放涼

◧◐ 組合

模型／20×20×高5.5cm特製矽膠模

作法

1 將包種茶香蜜桃慕斯舀入特製模型中，約1/3高
2 以湯匙以湯匙將慕斯抹入四周圓弧處，冷凍固定
   避免慕斯產生空隙
3 將冷凍好的包種茶香蜜桃慕斯取出，舀入包種茶香蜜
   桃慕斯至1/2高
4 均勻撒上莎布列塊60g
5 將冷凍的白酒蜜桃凍與包種茶巧克力甘納許取出，包
   種茶巧克力甘納許朝下
6 放入模型中，稍微按壓陷入包種茶香蜜桃慕斯內
7 再加入包種茶香蜜桃慕斯低於模型0.2cm，以湯匙均
   勻鋪入
8 將裁成15×15×高1.5cm的蛋糕片放入，以抹刀平整
   表面，冷凍至固定

◧⑥ 蜜桃糖片

材料　@10×38cm

水蜜桃果泥	200g	還原的吉利丁塊	6g
砂糖	100g	紅色色素	1滴
NH果膠	4g	**總重**	**310g**

作法

1 水蜜桃果泥、砂糖、NH果膠、還原的吉利丁塊一起混
   合煮滾
2 加入少許紅色色素拌勻
3 在淺烤盤上抹平至均等的薄度，約0.2mm
4 進烤箱以100℃烤乾成形

◧◐ 裝飾

材料

糖片	適量	糖珠	適量
粉紅巧克力噴霧	適量	金箔	適量

作法

1 冷凍固定的蛋糕脫模
2 依個人喜好放上糖珠，以粉紅巧克力噴霧
3 將糖片用手整形成想要的造型，放在蛋糕上並以少許
   金箔裝飾
4 冷藏至解凍後即可享用

MOMO

水蜜桃
element ⬤
甜點味道的主角，
使用拉拉山桃仙子品種的水蜜桃

薄荷白酒凍
element ❸
填在水蜜桃挖出的籽部位，
帶來薄荷香味

草莓醬
element ❷
增添草莓的獨特香氣

甜塔皮
element ❶
甜點的基底，酥脆的咬感與奶油
小麥香氣

[水蜜桃的口味組合]

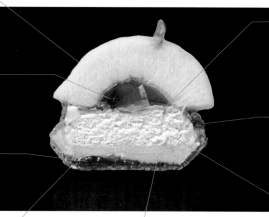

份量／12個

水蜜桃奶油餡
element ⬤
帶著酸香的水蜜桃風味

卡士達醬
element ⬤
帶來滑順的乳香，
結合起士海綿蛋糕
更可沾黏上折疊派皮碎

折疊派皮碎
element ⬤
增加折疊派皮的奶油香，
以及呈現漂亮的外觀

起士海綿蛋糕
element ❹
甜點的骨架，與水蜜桃
恰到好處搭配的奶油起司風味

---

❶ 甜塔皮

材料 @20g 5cm 塔模 12個（方便製作的份量）

奶油（切丁）	208g	鹽	1.6g
糖粉	132g	杏仁粉	56g
全蛋	60g	低筋麵粉	340g
		總重	797.6g

作法
1 將奶油打軟，加入糖粉拌勻
2 慢慢分次加入全蛋、鹽
3 一次加入杏仁粉與低筋麵粉打至成團
4 裝入塑膠袋中，壓平靜置
5 取出擀平成0.3cm厚，鋪入5cm塔模中備用

紅色鏡面果膠

材料 @少許

鏡面果膠	100g	紅色色素	0.1g
		總重	100.1g

作法
1 材料拌勻即可

---

❸ 薄荷白酒凍

材料 @5g（方便製作的份量）

新鮮薄荷葉	8g	砂糖	300g
檸檬皮	16g	白酒	200g
檸檬汁	50g	吉利丁塊	120g
水	200g	總重	894g

作法
1 白酒砂糖煮滾，加入薄荷葉、檸檬皮、檸檬汁
2 浸泡20分鐘過篩加入吉利丁塊溶化拌勻
3 降溫至16℃倒入模具中
4 取出脫模切成1cm丁

▬④ 起士海綿蛋糕

材料 @1160g 40×60cm 一盤

北海道奶油起士	528g	玉米粉	15g
蛋黃	154g	蛋白	260g
低筋麵粉	15g	砂糖	154g
		總重	**1126g**

作法

1 北海道奶油起士攪打至柔軟
2 拌入蛋黃、低筋麵粉、玉米粉，之後過篩
3 蛋白、砂糖另外打發成蛋白霜
4 拌入麵糊中
5 倒入40×60cm烤盤，平整表面入烤箱，底盤倒入 500g熱水，以190／140℃隔水加熱烤8分鐘
6 改為150／140℃烤8-12分鐘，開汽門夾上手套，再 續烤5-8分鐘
7 取出放涼後以直徑3.5cm的壓模裁切下蛋糕備用

▬② 草莓醬

材料 @5g（方便製作的份量）

冷凍草莓	222g	NH果膠	2g
砂糖	42g	**總重**	**266g**

作法

1 全部材料一起煮滾
2 下墊冰塊降溫
3 以均質機打勻即可使用

▬● 組合

材料 （每個）

卡士達醬（參考P.140製作）	25g
蜜桃奶油餡（參考P.131製作）	25g
新鮮水蜜桃（半顆）	60g
脆片	5g
南瓜籽	20顆

作法

1 甜塔皮內擠入草莓醬在底部稍微抹平
2 擠入蜜桃奶油餡25g，覆蓋住草莓醬
3 在塔內抹平約七分高
4 放上裁切好的起士海綿蛋糕
5 四周和頂端擠上卡士達醬
6 以抹刀抹平
7 放上一塊薄荷白酒凍
8 四周沾裹上脆片
9 頂端放半顆刷上紅色鏡面果膠的水蜜桃
10 裝飾上南瓜籽

荔枝水蜜桃蛋糕卷

Gâteau roulé aux pêches et aux litchis

這一款蛋糕體是我在日本實習接觸到的甜點，
蛋糕卷是日本甜點店非常受歡迎的產品，
在每個季節裡有不同的點心，
會讓客人感受到甜點師的用心。

［ 荔枝水蜜桃蛋糕卷的口味組合 ］

白蜜桃凍

element **4**

製成具有果肉塊的果凍，
口感更具變化性，
吃得到滿滿的果肉讓人滿足

蜂蜜蛋糕體

element **2**

濕潤細緻的蛋糕體，與水蜜桃、
鮮奶油香緹形成絕妙組合

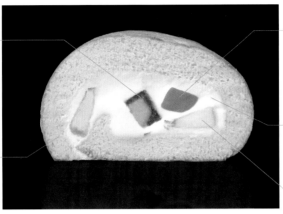

份量／直徑6×長16.5公分 4卷

荔枝寒天凍

element **1**

Q嫩的口感，荔枝的獨特香味與
水蜜桃組合讓人印象深刻

鮮奶油香緹

element **3**

帶來滑順的乳香，
也能固定夾入的水果與果凍

水蜜桃

element ●

甜點味道的主角，
使用拉拉山桃仙子品種的水蜜桃

▬▬◯ 荔枝寒天凍

材料 30×40cm 高1.45cm方框模（方便製作的份量）

荔枝果泥	420g	PG-10寒天粉	6.4g
水	184.8g	荔枝酒	7.3g
砂糖	42g	玫瑰醬	5g
		總重	665.5g

作法

1 荔枝果泥、水、砂糖、寒天粉一起煮滾

2 過濾至下墊冰塊的鋼盆中降溫至20℃

3 加入玫瑰醬

4 加入荔枝酒拌勻

5 倒入底部以保鮮膜包覆，30×40cm蛋糕框中，冷藏凝固

■═② 蜂蜜蛋糕體

材料 @1174g 60×40公分烤盤1個

砂糖A	163g	特寶笠低筋麵粉	48g
砂糖B	44g	熊本低筋麵粉	48g
蜂蜜	28g	玉米粉	34g
牛奶	80g	蛋黃	274g
葡萄籽油	45g	蛋白	410g
		總重	1174g

作法

1 蛋黃、砂糖B、蜂蜜隔水加熱至38℃

　為什麼要加熱至38℃？蛋黃內包含22-24%的油脂及卵磷脂，經過加熱溫度在28-32℃是乳化最好的溫度，乳化後更加容易打發

2 確實攪打至整體顏色發白，呈濃稠狀為止

3 蛋白、砂糖A以攪拌器輕輕攪散蛋白，打發

4 打至8分發的蛋白霜

　注意打發蛋白的發度約8分發，打發不足化口度不好

5 粉類放入網篩內，過篩到紙上

6 將打發的蛋黃加入放有蛋白霜的缽盆中，以刮刀輕柔混拌

7 待全體融合，加入其餘蛋白霜，避免破壞氣泡地由缽盆底部舀起般地大動作混拌

8 均勻地撒放粉類，以橡皮刮刀大動作混拌，混拌至粉類完全消失即可

　一邊轉動缽盆，邊大動作地用最少的次數拌均勻

9 牛奶與油脂混合，取少量麵糊放入混合均勻

10 再倒回麵糊鍋中混合均勻

11 在60×40公分烤盤上舖放烤盤紙，每一盤加入重量1180g的麵糊

12 以180／150℃烤約12-13分鐘

　待表面及底部烘烤出烤焙色澤時即可

13 將烤盤取出，脫模翻面後放涼

■═③ 鮮奶油香緹

材料 @280g

OMU35%生鮮奶油	520g	海藻糖	16g
砂糖	16g	總重	552g

作法

1 鮮奶油加入砂糖、海藻糖打發

　加入海藻糖的原因？海藻糖低甜度，更可保持濕潤感

2 打發至鮮奶油表面可留下清楚的攪拌痕跡

■■④ 白蜜桃凍

材料 30×40cm高1.45cm方框模（方便製作的份量）

白酒	243g	吉利丁塊	163g
飲用水	243g	白蜜桃果泥	367g
細砂糖	243g	白蜜桃丁	250g
海藻糖	92g	水蜜桃酒	30g
		總重	1601g

作法

1 白酒、水、砂糖、海藻糖一起煮滾
2 放入水蜜桃丁
3 關火加入還原的吉利丁塊混合溶化，倒入蜜桃果泥
4 下墊冰塊的鋼盆中降溫至15℃
5 加入水蜜桃酒
6 倒入底部以保鮮膜包覆，34×34cm方框模中，冷藏凝固

■■● 完成

材料 （2卷）

水蜜桃（去皮切薄片）…… 1.5顆（切成12片）

作法

1 烤好的蛋糕體烤色面朝下，對切成2片，取一份下墊烤盤紙，抹上一層薄薄的鮮奶油香緹
2 排放二列的水蜜桃片、荔枝寒天凍及白蜜桃凍各1條，每條約1×16.5cm
3 每種夾餡上都放上少許鮮奶油香緹，鮮奶油香緹共使用280g
4 稍微抹開固定夾餡
5 以擀麵棍輔助，由邊緣拉起烤盤紙向外捲起
6 以烤盤紙包好冷藏至固定定型，可切成2卷
7 定型後再切成1.5公分的片狀

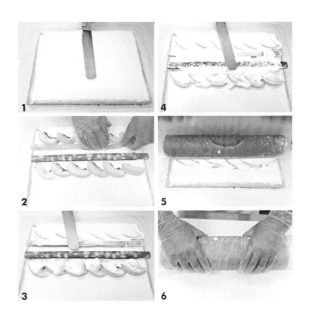

蜜桃塔

Tarte aux pêches

用法國常見的大黃與草莓、
水蜜桃熬煮成果醬，
搭配底部千層派皮、水蜜桃奶餡，
堆疊出不同層次的風味口感，
是水蜜桃季最受歡迎的甜點之一。

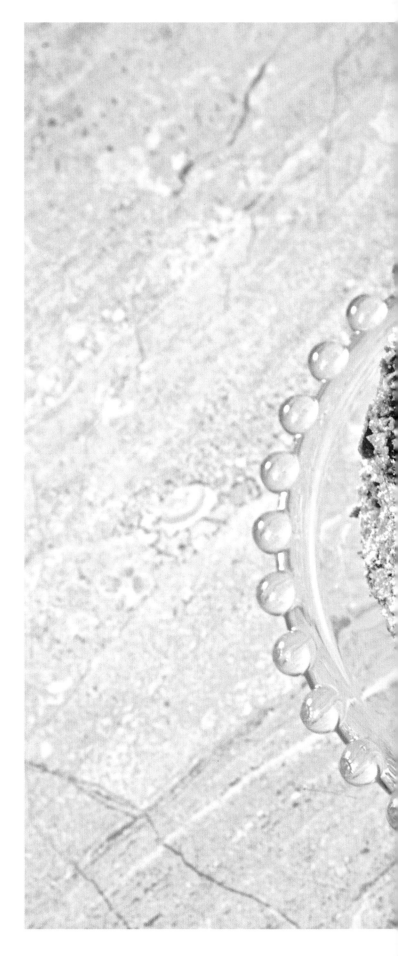

[蜜桃塔的口味組合]

份量／7吋4個

薄荷白酒凍
element ●
表面裝飾，呈現微微的薄荷香氣

脆片
element ●
外層裝飾，
並提供折疊派皮的奶油香

卡士達醬
element ●
連結水蜜桃與修多蛋糕體，
綿密滑潤並可沾附派皮碎

修多蛋糕體
element ●
蜜桃奶油餡的底部，
帶來蓬鬆濕潤的蛋糕口感

水蜜桃
element ●
甜點味道的主角，
使用拉拉山桃仙子品種的水蜜桃

蜜桃奶油餡
element ④
白蜜桃為主，加入少許的草莓與
覆盆子的酸香，
製作出滑順濃郁的內餡

大黃水蜜桃醬
element ③
呈現帶著酸香風味的水蜜桃感

杏仁奶油餡
element ②
濃郁的杏仁香氣與存在感

法式簡易派皮
element ①
蜜桃塔的基座，擀薄後烘烤形成酥鬆的口感與香氣

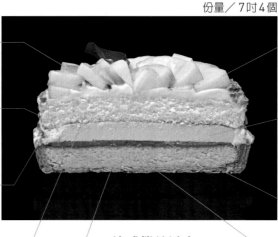

■■① 法式簡易派皮

材料 @7吋塔模3-4個

奶油（切丁）	212g	鹽	3.5g
低筋麵粉	325g	鮮奶油	87g
牛奶	25g	蛋黃	10g
		總重	662.5g

作法

1 參考 P.144 完成製作

■■② 杏仁奶油餡

材料 @180g

奶油	264g	酸奶油	26g
糖粉	211g	全脂奶粉	11g
全蛋	143g	杏仁粉	267g
蛋黃	26g	低筋麵粉	48g
		總重	996g

作法

1 參考 P.142 完成製作
2 放入法式簡易派皮中，平整表面
3 以旋風烤箱180℃烤35-40分鐘

■■③ 大黃水蜜桃醬

材料 @60g 糖度42°Bx（方便製作的份量）

大黃根	375g	水蜜桃果泥	570g
砂糖	225g	草莓果泥	180g
柑橘果膠	9g	玉米粉	15g
水	130g	水	60g
海藻糖	120g	總重	1684g

作法

1 大黃根切丁先炒過稍微炒乾水分
2 加入其餘材料煮至沸騰
3 小火熬煮至以糖度計測量達42°Bx
4 倒入下墊冰塊的鋼盆中降溫至20℃

■■④ 蜜桃奶油餡

材料 @160g 直徑12.5cm矽膠模

白蜜桃果泥	·········· 156g	吉利丁	·········· 4.8g
草莓果泥	·········· 24g	飲用水	·········· 24g
覆盆子果泥	·········· 24g	奶油	·········· 180g
檸檬汁	·········· 6g	水蜜桃濃縮果汁	··· 9.6g
全蛋	·········· 120g	杜瓦水蜜酒	·········· 26g
砂糖	·········· 84g	**總重 658.4g**	

作法

1 全蛋、砂糖拌勻

2 白蜜桃果泥、草莓果泥、覆盆子果泥、檸檬汁，一起以平底深鍋加熱至65℃

3 一邊攪拌一邊沖入蛋黃、砂糖鍋，拌勻

4 再倒回平底深鍋，持續攪拌並煮至82℃

5 過濾後加入還原的吉利丁塊

6 下墊冰塊，降溫至40℃

　為什麼要降溫至40℃？降溫至40℃是乳化奶油最合適的溫度

7 倒入水蜜桃酒

8 加入奶油，以均質機攪打至乳化且均勻滑順

9 倒入直徑12.5cm的矽膠模中，每個約160g，冷凍至固定

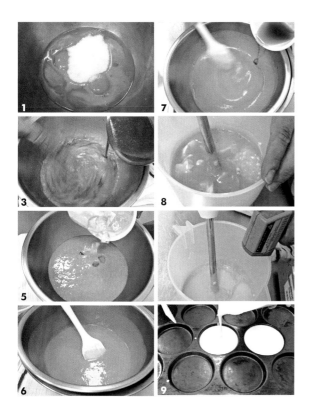

■■● 完成

材料 （每個）

修多蛋糕體（參考P.142製作）	·········· 1個
卡士達醬（參考P.140製作）	·········· 100g
脆片	·········· 35-40g
新鮮水蜜桃	·········· 60g
紅色鏡面果膠（參考P.122製作）	·········· 適量
食用玫瑰花瓣、薄荷白酒凍（參考P.122製作）	··· 適量

作法

1 將烤好冷卻的杏仁塔抹上一層大黃水蜜桃醬

2 放上脫模的蜜桃奶油餡

3 再放上脫模的修多蛋糕體

4 四周抹上卡士達醬，填平與塔皮間的空隙

5 將脆片黏在四周

6 上方以去皮切片的新鮮水蜜桃排成花形

7 刷上鏡面果膠

8 以食用玫瑰花瓣、薄荷白酒凍小丁裝飾

經典鐵盒餅乾

覆盆子香緹

這是一款我最喜歡的果醬餅乾，
核桃的香氣覆盆子果醬的酸甜，
融合得恰到好處。

曼特寧咖啡

台灣柴燒黑糖把咖啡的香氣調和的更加豐富，
在下午時分，一杯紅玉紅茶、一片曼特寧餅乾，
是最好的搭配！

Le Ruban
Pâtisserie

覆盆子香緹 份量／3.5×3.5cm 40片

Sablés aux framboises

① 核桃酥餅

材料

奶油	149g	杏仁粉	109g
糖粉	149g	珍珠低筋麵粉	165g
鹽	18g	皇冠高筋麵粉	20g
全蛋	90g	核桃粉	116g
		總重	816g

作法

1 奶油、糖粉、鹽拌勻
2 分次加入全蛋拌勻
3 加入杏仁粉、2種過篩的麵粉與核桃粉拌勻成團

② 香緹酥餅

材料

奶油	150g	玉米粉	24g
糖粉	51g	香草醬	1.5g
珍珠低筋麵粉	180g	總重	406.5g

作法

1 奶油、糖粉拌勻
2 加入2種過篩的麵粉與香草精拌勻成團

③ 覆盆子果醬

材料 （方便製作的份量）

覆盆子果粒	475g	葡萄糖	127g
覆盆子果泥	158g	酒石酸	8g
砂糖	396g	檸檬汁	37g
		總重	1201g

作法

1 覆盆子果粒、果泥、砂糖、葡萄糖漿煮滾
2 煮至以糖度計測量約70°Bx左右
3 加入酒石酸、檸檬汁

● 組合

作法

1 將核桃酥餅麵團擀壓成3mm厚，切出寬3.5cm長35cm長方片狀，共4片
2 再將香緹酥餅麵團放進裝有星形花嘴的擠花袋內
3 擠在核桃酥餅麵團上，以相同的間隔，共擠3條（鐵盒餅乾是擠2條）
4 先進烤箱150°C烤約12分鐘左右出爐
5 在中間空隙擠上覆盆子果醬，再進烤箱烤10-15分鐘即可出爐
6 切成3.5cm的小塊狀

曼特寧咖啡小酥餅 份量／直徑3.5cm 130片

Sablés au café

● 餅乾麵團

材料

奶油	262g	曼特寧咖啡粉	7g
台南柴燒黑糖（打成粉狀）		全蛋	75g
	75g	珍珠低筋麵粉	262g
糖粉	110g	皇冠高筋麵粉	115g
		總重	906g

作法

1 奶油、紅糖粉、曼特寧咖啡粉拌勻
2 分次加入打散的全蛋液
3 最後拌入2種過篩的麵粉成團
4 裝入放有星行花嘴的擠花袋
5 在烤盤上擠出直徑3.5cm每個約6-8g
6 放入烤箱以180°C烤約18分鐘

烏龍桂圓達克瓦茲

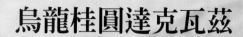

Dacquoise au thé oolong et aux longanes

當經典的法式點心遇到台灣風土滋味，
鬆脆香甜的杏仁外皮，搭配上南投烏龍茶餡與
帶點花香的南投桂圓甘蜜，
熟悉又驚奇的味道，值得細細品味。

榛果達克瓦茲

Dacquoise aux noisettes

經典的法式點心，外皮酥脆內心柔軟，
義大利西西里杏仁及榛果迷人的香味，令人難忘。
再以砂糖加入榛果炒至焦化香濃的焦香味做內餡，
讓這一款甜點成為不朽的經典。

炭焙烏龍茶內餡

element ④

濃縮烏龍茶的風味，
可中和達克瓦茲的甜

釀桂圓

element ③

帶著煙燻風味，
與烏龍茶內餡非常對味

達克瓦茲

element ①

鬆軟具空氣感，
充滿堅果香氣

榛果內餡

element ②

滑順、濃郁，
滿滿的榛果風味

份量／5盤50個

① 達克瓦茲

材料　@25g

杏仁粉	704g	蛋白	945g
糖粉	495g	砂糖	281g
低筋麵粉	74g	乾燥蛋白	13g
高筋麵粉	27g	**總重**	**2539g**

作法

1　所有粉類一起過篩
2　蛋白、砂糖、乾燥蛋白粉混合打發
3　拌入過篩的粉類拌勻成麵糊
4　將麵糊填入擠花袋中
5　擠入達克瓦茲模具內，每個約25g
6　用抹刀平整表面
7　將達克瓦茲模具小心移除
8　麵糊篩上3次的糖粉
9　在1/2麵糊的一側篩上可可粉，區隔出烏龍桂圓口味
10　以185／190℃烤8分鐘，再改為175／185℃烤
　　4分鐘

▰▰② 榛果內餡

材料 @每個內餡5g（方便製作的份量）

50% 榛果醬	73g	糖粉	23g
100% 榛果醬	23g	奶油	143g
		總重	262g

作法

1 奶油拌入糖粉
2 再加入2種榛果醬混合均勻
3 填入放有小圓花嘴的擠花袋內備用

▰▰③ 釀桂圓

材料 @20g

桂圓	240g	黑糖	60g
水	220g	總重	520g

作法

1 水、黑糖煮滾，加入桂圓煮至軟

▰▰④ 炭焙烏龍茶內餡

材料 @每個內餡5g

乾燥蛋白粉	3g	白巧克力	29g
飲用水	10g	炭焙烏龍茶粉	1.4g
奶油	86g	總重	129.4g

作法

1 奶油拌入糖粉、烏龍茶粉
2 再加入融化的白巧克力混合均勻
3 填入放有小圓花嘴的擠花袋內備用

▰▰● 組合

作法

1 將榛果內餡擠入一片達克瓦茲
2 再以另一片夾起
3 將炭焙烏龍茶內餡擠入篩有可可粉的達克瓦茲
4 放上切成小塊的釀桂圓每個約20g
5 再以另一片夾起

完成的達克瓦茲可先放在冷凍保存，取出回溫以常溫販售

羅馬盾牌酥餅

Sablés aux amandes effilées

羅馬盾牌餅乾，
是一款外型類似古羅馬時期，
士兵盾牌而得名的烤製餅乾。
餅乾呈圓形或橢圓形，
香香脆脆的很受到大家歡迎，
製作起來也相對簡單。

━● 原味餅乾麵團

材料 @ 8-10g

奶油	187g
糖粉	250g
蛋白	140g
珍珠低筋麵粉	370g
香草精	6g
總重	**953g**

作法
1 奶油、糖粉拌勻
2 分次加入打散的蛋白
3 最後拌入過篩的麵粉成團

份量／直徑 5.5cm 100片

━● 杏仁糖餡

材料 @ 6g

奶油	100g	麥芽	240g
砂糖	120g	杏仁片	220g
鮮奶油	100g	**總重**	**780g**

作法
1 奶油、砂糖、鮮奶油、麥芽煮滾
2 拌入杏仁片至均勻
3 鋪平冷凍備用

━● 組合

作法
1 將麵團裝入放有羅蜜雅餅乾花嘴或是圓形花嘴的擠花袋內，擠成圓形或是橢圓形，每個 8-10g
2 再將杏仁糖餡切小塊約 5g 放在麵團中間，再進烤箱以 150℃烤約 16-18 分鐘

楓糖培根司康

Scones à l'érable et bacon

英式下午茶最具代表性的甜點司康，
混合各種在地特色食材，把司康做得更有特色。
甜鹹不同的口味衝擊味蕾，再配上茶飲，
就是下午茶中的經典組合。

[楓糖培根司康的口味組合]

司康
element ●
鬆軟微甜的司康，
帶著淡淡的楓糖香

培根丁
element ●
帶來培根鹹香的滋味，
與楓糖非常搭配

份量／每個35g共15-16個

▬▬◗ 司康

材料 @ 35g

低筋麵粉	227g	牛奶	38g
楓糖顆粒	100g	楓糖漿	20g
鹽	5g	厚培根（切丁）	151g
泡打粉	5g	**總重**	**659g**
奶油	68g		
全蛋	45g	蛋液	適量

作法

1　低筋麵粉、楓糖顆粒、泡打粉、奶油（冷藏）切拌成細
　　粒狀
2　放入培根丁，全蛋、牛奶、楓糖漿混合後拌入
3　用壓切法注意不要搓揉避免出筋造成口感不佳
4　分成每個35g的團狀，表面刷蛋液進烤箱，以180℃
　　烤約12分鐘

Les recettes de base
基本配方

卡士達醬
Crème pâtissière

材料

A			B		
牛奶	1L		牛奶	167g	
砂糖	117g		砂糖	233g	
香草棒	0.8g		低筋麵粉	56g	
			玉米粉	56g	
			蛋黃	408g	
			吉利丁塊	58g	
			奶油	117g	

總重 2212.8g

作法

1 香草莢剖開刮出籽，連同香草莢一起放入A的牛奶與砂糖煮滾

2 B的麵粉、玉米粉、砂糖仔細拌勻

3 加入B的牛奶拌勻

4 B的蛋黃倒入 **3**

5 攪拌均勻

6 將 **1** 倒入拌勻，再過濾倒回平底深鍋，攪拌煮至82℃

7 加入吉利丁塊拌勻

8 過篩入鋼盆中，以手持式攪拌機均質

9 下墊冰塊，降溫至40℃

　　溫度太高會造成之後乳化奶油容易分離，40℃剛好在均質奶油後，溫度會在34-35℃比較穩定

10 加入奶油，以均質機攪打至均勻滑順

11 倒入方形容器中放置一晚備用

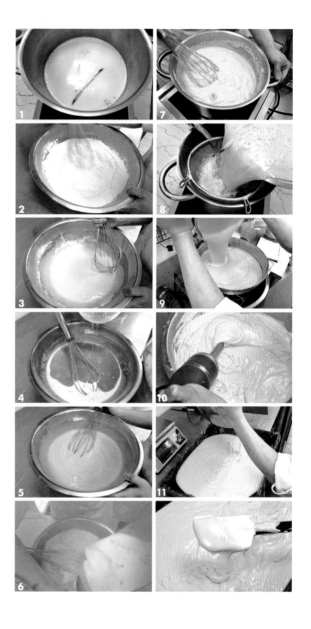

以果泥、焦糖或茶液取代牛奶，不加低筋麵粉或玉米粉，以製作卡士達醬的方式，變化出不同風味的各種奶餡。

百香芒果奶餡（P.89）

包種茶蜜桃奶餡（P.119）

香檳奶餡（P.33）

焦糖奶餡（P.41）

卡士達醬的變化
Variations de crème pâtissière

卡士達＋軟化的奶油→
穆斯林奶油餡（Crème mousseline）

從卡士達醬變化出來的奶油霜

卡士達加入軟化奶油後打發使用，口感滑順細緻有清爽的乳香，容易擠出形狀通常用於內餡、夾心及裝飾，例如巴黎布雷斯特泡芙、草莓芙蓮、千層派等等經典法式甜點。

卡士達＋打發的鮮奶油→
卡士達鮮奶油餡（Crème diplomate）

從卡士達醬衍生出第二型變化

卡士達用切拌的方式拌入打發鮮奶油，口感輕盈滑口，適合做爲草莓蛋糕、酥皮泡芙、水果塔。

卡士達＋義大利蛋白霜（Italian meringue）→
席布斯特（Crème Chiboust）

卡士達醬衍生出第三型變化

卡士達拌入打發義大利蛋白霜，蓬鬆輕柔像棉花糖的口感。適合製作席布斯特慕斯、派、塔等。

杏仁奶油餡
Crème d'amande

材料

奶油	220g	奶粉	9g
糖粉	176g	杏仁粉	224g
全蛋	119g	低筋麵粉	40g
蛋黃	22g	酸奶油	22g
		總重	832g

作法

1 奶油（溫度22℃）、糖粉拌勻
2 分次加入全蛋與蛋黃（溫度32℃）
3 拌勻後加入杏仁粉、奶粉、低筋麵粉
4 最後拌入酸奶油

無花果乳酪塔・烤洋梨派・栗子酥

原味修多蛋糕 Shortcake

材料　@470g 7吋3個

全蛋	488g	海藻糖	60g
蛋黃	85g	低筋麵粉	320g
葡萄糖漿	68g	奶油	63g
蜂蜜	12g	牛奶	56g
砂糖	360g	芥花籽油	34g
		總重	1478g

巧克力修多蛋糕 Chocolate shortcake

材料　@273g 7吋2個

全蛋	180g	牛奶	23g
蛋黃	31g	可可巴瑞可可粉	16g
砂糖	96g	可可巴瑞100%巧克力	
葡萄糖漿	24g		13g
蜂蜜	4g	飲用水	16g
奶油	23g	低筋麵粉	106g
葡萄籽油	12g	總重	547g

作法

1 全蛋、蛋黃、葡萄糖漿、蜂蜜、砂糖、海藻糖，隔水加熱至32℃
2 以高速打發7分鐘，改中速打發3分鐘，再以慢速打發10分鐘
3 拌入過篩的低筋麵粉
4 取部分麵糊先與奶油、牛奶和芥花籽油拌合
　巧克力修多則是將100%巧克力隔水加熱融化，可可粉與飲用水先混合均勻，其餘作法相同
5 再倒回所有麵糊中拌勻
6 可以製作7吋烤模3個
7 以185／145℃烤約28分鐘，以探針刺入厚不沾黏即可
8 取出倒扣脫模放涼備用

草莓生鮮奶油蛋糕・蜜桃塔・季節栗子塔

原味戚風蛋糕
Chiffon

材料　@90g 直徑15×高9cm 中空模

芥花子油	46.5g	低筋麵粉	86g
牛奶	46.5g	蛋黃	98g
白巧克力	8.7g		
鹽	0.8g	蛋白	172g
蜂蜜	4g	砂糖	83g

總重　545.5g

作法

1 芥花籽油、牛奶加熱至50℃
2 將 **1** 沖入白巧克力攪拌至光滑乳化
3 再加入鹽、蜂蜜、低筋麵粉
4 拌入蛋黃備用
5 以另外的鋼盆打發蛋白、砂糖
6 打至柔軟的8分發蛋白霜
7 取1/3蛋白霜拌入 **4**
8 再加入剩餘的2/3拌至均勻有光澤的麵糊
9 分別倒入中空模中
10 以180 ／ 150℃的烤箱，烤18-20分鐘
11 取出倒扣放涼

無花果戚風蛋糕

起士海綿蛋糕
Cheese sponge

材料　40×60×4.5cm 烤盤一盤

奶油乳酪	911g	玉米粉	26g
砂糖	138g	砂糖	266g
蛋黃	265g	蛋白	448g
低筋麵粉	26g		

總重　2080g

作法

1 將奶油乳酪放入攪拌機中混合均勻
2 加入細砂糖混合均勻
3 加入蛋黃混合均勻
4 過篩
5 另外將蛋白、砂糖打發成8分發的蛋白霜
6 將過濾好的起司蛋糊倒入蛋白霜中
7 以手大動作混拌均勻
8 將麵糊倒入鋪有烤盤紙60×40cm的烤盤中，平整表面
9 以隔水蒸烤的方式190 ／ 150℃隔水烤8分鐘，降溫至150 ／ 150℃續烤4分鐘，待表面及底部烘烤出烤焙色澤，取出放涼

依配方所需的尺寸裁切使用

MOMO

法式簡易派皮

Pâte sablée 搓砂法（sablage）

材料 @200g 7吋塔模

奶油	213g	砂糖	3.5g
低筋麵粉	325g	鮮奶油	88g
牛奶	25g	蛋黃	10g
鹽	3.5g	總重	668g

作法

1 將奶油切丁冷藏與低筋麵粉放在工作檯上

2 用刮刀切拌到呈砂粒狀還看的到奶油

3 以手掌搓成細粒狀

4 形成凹槽

5 在凹槽中加入先混合好的其餘材料

6 慢慢從外向內混合成團

7 以壓切法拌勻，避免搓揉出筋

8 上下夾在矽膠墊中，壓平靜置

9 製作大份量則以丹麥機操作

10 來回輾壓讓麵團與奶油形成層次

11 再壓成3mm厚，鋪入7吋塔模中

12 以180／180℃烤40分鐘，或依不同配方填入杏仁
　 奶油餡後再進行烘烤

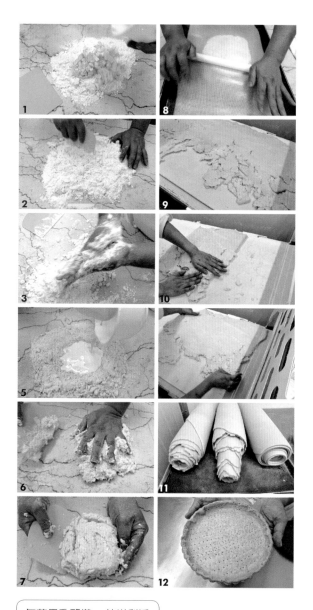

無花果乳酪塔 · 烤洋梨派

甜塔皮
Pâte sucrée 乳化法（crémage）

材料

奶油	2400g	全蛋	600g
糖粉	1188g	杏仁粉	560g
鹽	16g	低筋麵粉	3400g

總重 8164g

作法

1. 奶油、糖粉拌勻至滑順狀
2. 分次加入全蛋液，每次都以攪拌器均勻拌入後再加下一次
3. 加入麵粉與杏仁粉混合成團
4. 上下夾在矽膠墊中，壓平靜置
5. 製作大份量則以丹麥機操作
6. 來回輾壓讓麵團均勻
7. 再壓成3mm厚
8. 以壓模裁成所需的大小
9. 鋪入模型中
10. 裁去周圍多餘的麵皮
    或依不同配方所需裁切後入模

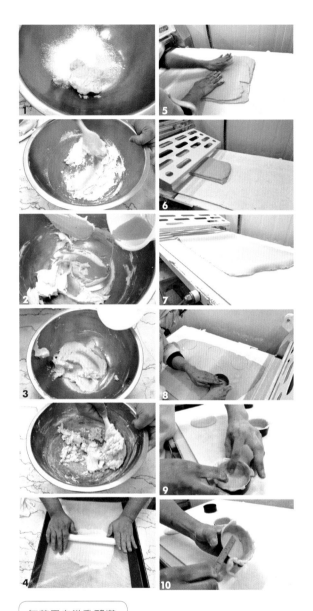

無花果白黴乳酪塔

千層麵團／折疊派皮
Pâtes feuilletées

材料 @2026g

裹入油

奶油	1800g		總重	2571g
高粉	771g		分為3份每份857g	

油皮

奶油	771g	砂糖	25.5g
高粉	1800g	鹽	51g
葡萄糖粉	15g	苦艾酒	257g
冷水	588g	總重	3507.5g
		分為3份每份1169g	

作法

裹入油

1 奶油與高筋麵粉一起以勾狀攪拌器攪拌均勻
2 裝袋後壓平冷藏備用

油皮

3 冷水、砂糖、鹽、苦艾酒一起拌勻
4 奶油切丁與高筋麵粉一起用勾狀攪拌器拌成砂粒狀
5 將1慢慢倒入
6 攪拌成團
7 裝袋後壓平冷藏備用

折疊

8 將裹入油與油皮分別分成3等分，重點是要讓奶油保持冰涼，而且其延展性必須如同結實的基本揉和麵團一樣經得起折疊
9 將油皮以丹麥機壓成40×38cm比奶油大小的兩倍還大一些
10 將整型好的奶油擺在麵皮上，以麵皮將奶油包起。
11 再度壓平，噴上少許水進行4折疊。將麵團用保鮮膜包起，冷藏保存至少30分鐘。此階段的麵團為第1次摺疊
12 撒上麵粉，將麵團擀成長80×40cm的麵皮

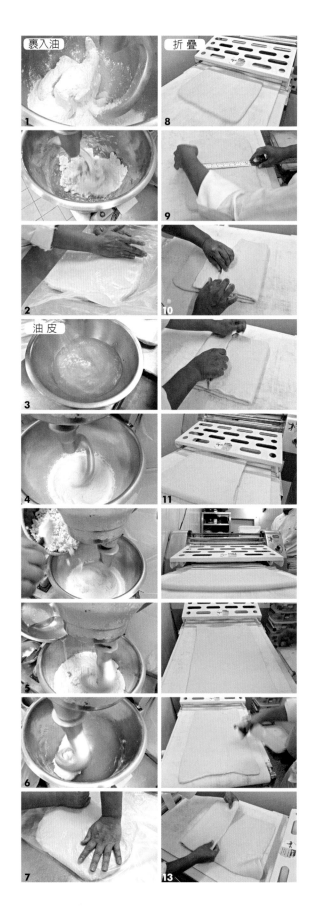

裹入油　折疊

1　8

9

2　10

油皮

3

11

4

5

6

7　13

13 進行第2次的3折疊。將麵團朝右邊轉向1/4圈

14 重複步驟4的4折疊。在此階段，麵團為第3次折疊。冷藏保存至少30分鐘後再使用

烘烤

15 將麵團以滾輪打孔機打出均勻的小孔，裁成40×60 cm，鋪入烤盤中

16 以180／180℃烤15分鐘，取出壓上一張烤盤，再放入烤箱烤15分鐘

17 取出將上方的烤盤移除

18 再放回烤箱烤15分鐘即可

千層派為避免千層酥皮過厚經常會在上壓烤盤等狀態下烘烤。但一開始便壓上重物會讓層次過密，容易呈現硬且厚實的嚼感。首先應先關風門並不壓重物烘烤，讓奶油沸騰產生蒸氣，隨著這個力道讓層次膨脹起來。接下來降低溫度，並慢慢打開風門，把水分烤乾並維持在膨脹狀態，接下來才以網架輕輕壓上。將烤盤反轉，拿掉烤盤再進烤箱續烘烤至所有分層皆確實上色為止。

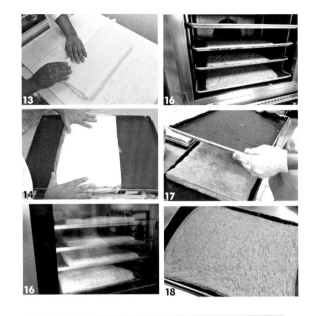

蜜桃塔・麝香葡萄千層派・栗子酥・巧克力千層・MOMO

義大利蛋白霜
Meringue Italienne

材料

蛋白	70g	葡萄糖漿	25g
砂糖	80g	飲用水	20g
		總重	195g

作法

1 細砂糖和飲用水加熱至118℃，在加熱至110℃時準備打發蛋白

2 以另一個缽盆打發蛋白

3 將118℃的糖漿緩緩的倒入泡沫狀的蛋白霜中

4 持續高速攪打至降溫備用
手觸摸不感覺燙的溫度

材料／工具 Les ingredients de pâtissèrie

雞蛋

雞蛋

選用屏東大武山產地直送產銷履歷雞蛋，M尺寸一顆約50克，蛋黃約20克、蛋白約30克。

乾燥蛋白粉

通常與新鮮蛋白一起打發，可吸收新鮮蛋白的水份，使其狀態穩定不易消泡。

粉類

日本熊本珍珠薄力粉

被譽為最高級菓子專用粉，成品輕盈蓬鬆、化口性佳。蛋白質7.6%、灰分0.34%。

日本熊本皇冠高筋麵粉

嚴選1CWRS的高品質麥種，吸水性佳，具優異延展性與操作性。蛋白質12%、灰分0.37%。

日本熊本皇冠傳奇高筋麵粉

採用加拿大小麥的中心部胚乳製作而成，展現高雅芳醇的小麥魅力。蛋白質11.7%、灰分0.34%。

特寶笠低筋麵粉

日本頂級低筋粉，麵糊不易消泡，安定性及口感特佳，組織柔嫩蓬鬆度好，蛋白質：7.6%、灰份：0.35%。

藍駱駝低筋麵粉

聯華製粉，選用優質美國軟白麥製品，組織綿密、口感絕佳，老化速度慢，蛋白質：7.5~8.6%、灰份：0.4%。

橘駱駝高筋麵粉

聯華製粉的高筋麵粉，組織柔軟細緻，富烘焙彈性，耐攪拌性佳，蛋白質：12.6~13.9%、灰分：0.48~0.52%。

玉米粉

用玉米製成的澱粉，呈白色粉末。適量添加能減少麵粉的筋性，增加蛋糕的鬆軟口感。

糖類

蜂蜜

選用小農在各地放養的蜂箱，百花蜜、龍眼蜜、荔枝蜜都有使用，風味香氣才會足夠。

海藻糖

海藻糖是種新開發的天然糖類，甜度僅為砂糖的45%，具有抗澱粉老化、抗蛋白質變性、防止褐變及防潮保濕等物理化特性。

砂糖／二砂糖／冰糖

砂糖適合使用在所有甜點，甜度及糖度為標準化。二砂糖帶有糖蜜香氣，也較為濃郁，含有微量礦物質及有機物，所以也會影響打發狀態。冰糖的純度最高，運用高溫取單糖結晶而成，適合製作果醬等製品。

三溫糖

日本特有的砂糖，是純蔗糖結晶後殘留的糖液，經過三次加熱及結晶處理，所以叫做三溫糖，味道比一般白砂糖風味更加強烈。

麥芽

在果醬及布雪中使用麥芽的原因在於，可增加保濕性、降低甜度等用途。

葡萄糖漿

又稱右旋糖，一種以澱粉為原料的澱粉糖漿，主要糖份為葡萄糖、麥芽糖、麥芽三糖、麥芽四糖，又稱液體葡萄糖漿。

乳製品

日本歐牧純生鮮奶油35

純粹無添加，冷藏效期僅21天，擁有絕佳的新鮮風味與輕盈口感。乳脂含量35%，每周自日本九州空運進口。

丹麥 Arla 鮮奶油

以100%丹麥乳源製作，乳香濃郁、打發性及操作性佳，有蓋保存方便使用。規格1000ml，乳脂含量36%。

丹麥 Lurpak 無鹽發酵奶油

於世界起司大賽中蟬連三屆的世界冠軍奶油。經乳酸菌自然發酵，風味清新淡雅，餘韻細緻悠長。

伊思尼 Isigny 奶油

法國諾曼第牛乳以發酵成熟工法，加入乳酸菌靜置16~20小時發酵，再攪拌製成。

丹麥 Arla Buko 鮮奶油乾酪（奶油乳酪）

乳香濃郁、酸味適中、後味清爽。乳脂含量34%，風味平衡、操作性佳，是日本甜點職人的愛用品牌。

酸奶油

在杏仁餡及草莓乳酪中使用酸奶油，可以增加乳香及酸味。

巧克力

每一款巧克力因為產區不同，風味也不同，會運用不同風味來搭配各種適合的食材。

Cacao Barry

Alto El Sol 阿多索66%黑巧克力

強烈、持久的可可味，揉合香甜、溫潤花果香。

Ghana迦納40.5%牛奶覆蓋巧克力

具榛果、焦糖的風味。

Zephyr札飛柔滑34%純白巧克力

糖份減低表現出極度輕柔與隱晦的甜度，擁有滑順的口感以及豐沛牛乳香氣！

VALRHONA

Guanaja瓜納拉70%黑巧克力

苦味中透出複雜馥郁的果香、咖啡香、糖蜜香和花香。

Alpaco艾爾帕蔻66%黑巧克力

單一原產地巧克力，微妙花香和微微苦澀。

凝固劑類

吉利丁粉（愛唯銀級吉利丁）

以動物皮、骨內的蛋白質，亦即膠原蛋白製成。主要成分為蛋白質，帶淺黃色透明，是一種無味的膠質。通常用於食物、藥物或化妝品的膠凝劑。

明膠

是膠原蛋白的一種不可逆的水解形式，且被歸類為食品。它常用於軟糖以及其他產品，如棉花糖、冰淇淋和優格。一般用於食品的形式是片狀，顆粒劑或粉末，有時使用時需在水中預溶。

寒天粉

以石花菜或大型海生紅藻（Gracilaria）等海藻為原料的寒天，具有較明膠更強的凝固力。特徵是常溫之下也能凝固、不會融化。寒天液乾燥後製成的粉狀物。因為不需還原的手續，使用方便且透明度高。

香草、茶類

香草棒

香草棒選用大溪地與馬達加斯加產。

紅烏龍茶／包種茶／伯爵茶粉／洋甘菊

每一款茶的特色及風味都不相同，運用其特色及風味來配合特色食材，讓兩者的的組合更加有趣特別。

堅果類

杏仁粉〔美國〕	65%杏仁膏〔德國〕
50%榛果醬〔法國〕	有糖栗子泥〔法國〕
有糖栗子泥〔台灣產法朋自製〕	無糖栗子泥〔法國〕
糖漬栗子〔法國〕	日本和栗〔日本〕

酒類

白酒／香橙干邑酒

杏桃酒／杜瓦水蜜桃酒

香檳

法國精選香檳清爽的果香味非常適合搭配葡萄。

威士忌／苦艾／精釀白蘭地／洋梨酒／荔枝酒

蘭姆酒

使用台灣自釀文藝復興蘭姆酒，風味明顯果實香氣濃郁。

麥芽糊精（maltdextrin）

是一種由澱粉轉化的成分，具有乳化、增加稠和感、填充作用，是一種低熱量、零營養的加工物。

它的應用非常廣：使體積膨脹、降低成本、延長保鮮期、吸收豆奶腥味、水溶性佳。麥芽糊精本身就是一種醣類。

安定劑

山梨糖醇

山梨糖醇又稱為己六醇（Glucitol），是一種人體能緩慢代謝的糖醇。可藉由還原葡萄糖上的醛基而羥基而獲得山梨糖醇的用途很多，可用作保濕劑、凝固劑它的高折射率可增加膠狀物質的透明質感。

特殊器材／模型

左：雲朵般造型的矽膠模，20×20×5.5cm容量為1600ml，可烘烤、微波、冷凍（Slilkomart Cloud 1600）。

右：矽膠製成的連模，可依不同糕點夾層所需的大小、形狀與尺寸選擇，適用於-40~+240˚C，柔軟可彎折（Sasa Demarle Flexipan®）。

EASY COOK

法朋風味全圖鑑

作者 李依錫

攝影 Toku Chao

出版者 / 大境文化事業有限公司 T.K. Publishing Co.

發行人 趙天德

總編輯 車東蔚

文案編輯 編輯部

美術編輯 R.C. Work Shop

法文審訂 林惠敏

台北市雨聲街77號1樓

TEL：（02）2838-7996　　FAX：（02）2836-0028

讀者專線 （02）2836-0069

www.ecook.com.tw

法律顧問　劉陽明律師 名陽法律事務所

初版一刷日期　2023年8月

定價　新台幣520元

ISBN-13：9789860636949

書　號　E125

P.4, 5（第1,3,4,6,7張）, 8, 9, 74, 75 照片由法朋提供。

法朋風味全圖鑑

李依錫　著

初版. 臺北市：大境文化，2022　152面；

19×26公分．（EASY COOK系列；125）

ISBN-13：9789860636949

1.CST：點心食譜

427.16　　111001765

請連結至以下表單填寫讀者回函，將不定期的收到優惠通知。